決定版

EV シフト

100年に一度の大転換

野村総合研究所 風間智英［編著］

東洋経済新報社

はじめに
100年に一度の大変革期を迎える自動車業界

◉時価総額がGMを超えたEVメーカーのテスラ

２０１７年４月、驚きのニュースが飛び込んできた。米国の電気自動車（ＥＶ）ベンチャーであるテスラの時価総額がＧＭを超えたというのだ。

テスラは２００３年に設立されたベンチャー企業であり、高級セグメントに向けてＥＶを開発し市場投入した。はじめに上市した「ロードスター」は１０００万円以上もする超高級車であったが、米国西海岸をはじめとする地域の富裕層に支持され、高級車としては大ヒットを記録した。その後、モデルＸ、モデルＳ、モデル３を投入し、いずれもヒットしている。

しかし、そのテスラは販売台数で見ればＧＭの１００分の１に過ぎない。まさにＥＶという新たなクルマを引っさげて市場に殴り込みをかけたベンチャー企業に対する期待値が高まり、下克上が起こった瞬間だった。テスラの成功は、ダイムラーやＢＭＷなどの高級車メーカーにとっては大きな脅威として映ったのである。

◉「内燃機関搭載車販売禁止」の衝撃

２０１６年10月に、驚きの政策方針がドイツの連邦参議院を通過した。「２０３０年までに内燃機関を搭載する車の販売を禁止する」というものだ。１００年以上の歴史を持つガソリン車やディーゼル車（以降、「従来車」とする）が、あと約10年で終止符を打ち、以降はＥＶの世の中になるというのは、にわかには信じがたい話だ。はじめてこの話を聞いたとき、正直、何かの政策的なポーズだろうとたかをくくっていた。しかし、その後、２０１７年７月にフランス・イギリス政府から相次いで「２０４０年までに内燃機関搭載車の販売を禁止する」政策方針が発表された。２０４０年という先の話ではあるが、欧州は本格的にＥＶシフトを進めてくるということが現実味を帯びてきた。

話は欧州だけでは済まなかった。２０１７年９月、今度は中国でも同様の政策の検討を開始したことが発表された。中国は自動車の世界最大市場であるため、世界の自動車メーカーは中国政府の政策にしっかり対応する必要がある。もともと中国はＥＶ普及に最も積極的な国の１つであり、大気環境の改善と自動車産業の振興を目的として、補助金をはじめとするＥＶ普及政策を進めてきた。欧州のトレンドに乗っただけではない。

その他インドやＡＳＥＡＮなどの新興国でも、同様の目的意識があるため、ＥＶ普及政策が検討されてきた。ＥＶシフトが先進国だけでなく新興国も巻き込んだ世界的な潮流となってきている。

◉ディーゼルゲートがＥＶシフトの引き金に

こうした高級車セグメントにおけるＥＶマーケティングの成功、政策的なＥＶシフトといった一連の流れの中で、自動車メーカーも電動化戦略にシフトしてきた。そのトリガーは２０１５年９月に発覚したＶＷ（フォルクスワーゲン）のディーゼル車の排ガス問題だ。

ＶＷはディーゼル車の排ガス規制を逃れるため、車両試験の時だけ排ガス性能を高める不正なソフトウェアを使っていた。この「ディーゼルゲート」と呼ばれる一件から欧州ではディーゼル車の排ガス性能に対する不信感が高まり、主要都市でディーゼル車の乗り入れを規制する動きも出てきた。欧州の乗用車市場は、ガソリン車とディーゼル車でおおよそ二分されていたが、この問題を契機にディーゼル車の販売比率は近年低下傾向にある。西欧市場では２０１５年の51・６％から２０１６年には49・５％となっている。

ディーゼル車が売れなくなったことで、欧州系自動車メーカーはCO_2規制の達成が問題となった。欧州は世界で最もCO_2排出規制（燃費規制）が厳しい市場であり、どの自動車メーカーにとっても規制達成は頭の痛い問題であった。ガソリン車をベースに考えた場合、トヨタやホンダは燃費の良いハイブリッド車（ＨＥＶ）を販売することで、企業平均燃費を改善することができる。しかし欧州系自動車メーカーは、ＨＥＶにネガティブキャンペーンを展開し、ガソリン車よりも燃費の良いディーゼル車を中心とした規制達成シナリオを描いていた。そんな状況でディーゼル車が売れなくなってしまったため、彼らはＥＶを含む電動車を本格的に生産・販売する戦略にシフトせざるを得なくなったのである。

もう少し踏み込んで言えば、欧州系自動車メーカーは背水の陣を敷いたのである。

◉ＥＶシフトがもたらす日系自動車産業の競争力低下の懸念

それではトヨタやホンダをはじめとする日系自動車メーカーは高みの見物をしていられるかというと、全くそんな余裕はない。それはＥＶというクルマ・技術が革新的であるためだ。

ＥＶは部品点数が従来車に比べて少なく、またエンジンやトランスミッションを中心とした開発段階でのすり合わせも難易度が下がる。すなわち、もしＥＶが普及すれば、日本の強みであったすり合わせ・生産技術・系列の重要性が相対的に低下してしまうのである。

また、主要部品であるモーター、インバーター、電池は外部から購入できるため、クルマとしての差別性が従来車ほど明確ではなくなってくると予想される。そうなれば、日本が得意とするものづくりではなく、あまり得意とは言えないブランドやサービスの高付加価値化が競争要件となってくる。

このようなゲームチェンジを、背水の陣を敷いた欧州系自動車メーカーが不退転の覚悟で迫ってきているのである。

◉本書の構成

本書は5章構成となっている。まず、第1章ではEVシフトの理解を深めるために、その概観をとらえる。その上で、第2章、第3章ではEVシフトの状況をより具体的に把握する。第2章は、地域別にEVシフトの動向を追うことで、EVシフトの重要なドライバーである政策の違いを理解することができる。第3章は、自動車メーカー別に現在の事業状況などを踏まえることで、各社の戦略の違いを理解することができる。第4章は、EVシフトが自動車業界やその周辺業界に与えるインパクトを検討し、EVシフトの課題とビジネスチャンスを議論する。第5章では、EVシフトと、自動運転やシェアリングなどとの相互関係を理解し、次世代モビリティ社会への変革の絵姿を議論する。

今まさに自動車業界に押し寄せようとしている100年に一度の大改革の波を、本書で確認していただきたい。

目次

第4章

EVシフト実現に向けた課題とビジネスチャンス

第5章

これからクルマはどうなるのか？ 203

第１章

EVシフトとは何か?

本章ではEV（電気自動車）シフトの理解を深めるために、EVシフトの概観をとらえていく。まずはEVとは何かといった基本情報を共有し、現在までに至るEVの歴史を紐解いてみる。次いで、ガソリン車やハイブリッド車などとの比較の中でEVを位置づけ、そのコア技術である電池の技術動向を簡単に理解する。最後に現在のEV市場の動向、特に中心的存在となる中国市場の動向を追ってみる。

ＥＶとは何か？

◉電気自動車＝ＥＶ

最近話題になっているＥＶは、Electric Vehicle の略で電気自動車のことである。ＥＶと言った場合には、一般的に電気だけで動く車を示しており、ほかにＢＥＶ（Battery Electric Vehicle）とか、ＰＥＶ（Pure Electric Vehicle）と表現されることがある。

それと対比させる意味で、現在主流であるガソリン車・ディーゼル車を以降本書では「従来車」と呼ぶ。またＥＶはもちろん、ハイブリッド車や燃料電池車など、電気駆動を持つ車を「電動車」と呼ぶ。

◉ＥＶの基本構成

ＥＶの構造はとてもシンプルだ。駆動系は主にモーター、インバーター、電池で構成さ

図表1-1　EVの「三種の神器」

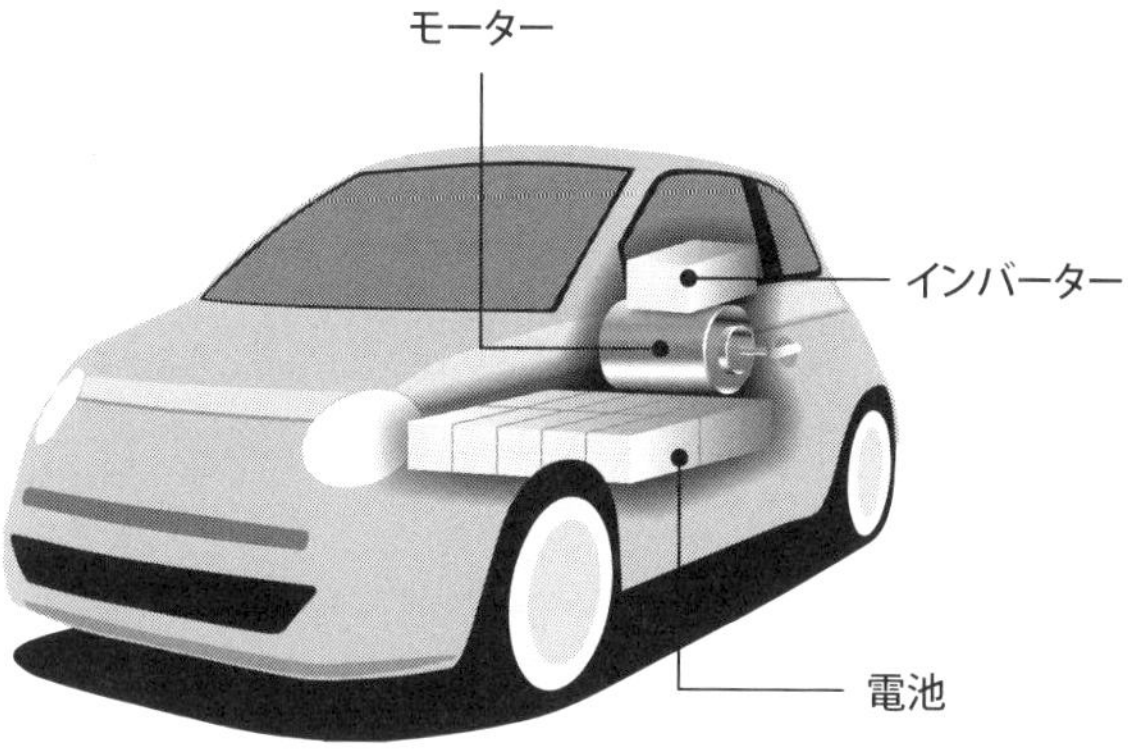

れており、「三種の神器」と言われたりする。電池に充電しておいた電気をインバーターで交流に直してモーターに送り、モーターが車輪を回転させるという仕組みだ（図表1-1）。

従来のクルマのエンジンに相当するのはモーターだと言われることもあるが、これは半分正解である。モーター性能でトルクが決まるのだが、そのモーターに電流を流し込むのは電池の性能で決まる。どちらかと言うと現在の技術では後者が大事だ。電池は電気を貯めるという役割と、ちょうど人間で言う心臓のように、電気を送り出すポンプの役割も担っている。

電池に充電する充電器は大きく分けて2つのタイプがある。家庭などでゆっくり充電する普通充電器と、ガス欠ならぬ電欠しそうな時に街中で急いで充電する急速充電器だ。

従来車と比べたEVのメリット・デメリット

◉ユーザー目線で見たEVのメリット

それではEVと従来の内燃機関搭載車（従来車）で、いったい何が違うのだろうか。EVの長所から考えてみる。

まずEVは燃料代が安い。日産リーフを想定しながら燃料代を考えてみる。まずリーフについてユーザーが報告している実電費はだいたい7km／kWh程度、電気代を20・78円／kWh（東京電力 夜トク8）とすると20・78円／kWh÷7km／kWh≒3円／kmとなり、1km走るのに3円かかることがわかる。一方で、従来車について同様に試算してみると、130円／L÷15km／L＝8・7円／kmとなる。走行距離当たりの燃料代は、EVは従来車の約3分の1で済むのである。

次にガソリンスタンドに行く必要がない。実はガソリンスタンドで給油する行為は、従来車のドライバーの中にも煩わしさを感じている人が少なくない。その点、EVは自宅で充電できるため、燃料補給の面倒はなくなる。ただし走っている間に電欠しそうになれば、充電スタンドに行かねばならない。

最後に、臭い・騒音・振動がない。従来車には、駐車場などの密閉空間では臭いの問題がある。また深夜の自宅帰りで車を運転する場合など、住宅街を走り自宅の駐車場に車を入れる際に、EVであれば静かなのでお隣さんに迷惑をかけずに済む。最近では夜間配送も増えてきている宅配業者にとっても騒音の問題が解消されることはメリットにつながる。

◉政策視点で見たEVのメリット

政策サイドから見るとEVを導入するメリットは4つある。

第1は大気環境の改善である。EVは排ガスを出さないため、自動車による大気汚染がひどい大都市などで導入を進めれば特効薬となるはずだ。

第2はエネルギーセキュリティの向上である。その国の発電構成にもよるが、概して自動車用燃料である石油の輸入依存度を下げることができる。

第3はCO_2削減である。これもその国の発電構成により効果が変わってくる。たとえば欧州ではCO_2削減策の1つとしてEVが位置づけられるケースが多いのだが、EVの駆動エネルギーとなる電気をどう作ったかで、CO_2削減効果が異なってくる。フランスでは原子力発電由来の電力が70％以上なので、ＥＶ化によるＣＯ$_2$削減効果は絶大だ。ノルウェーの電力は水力発電の構成比が高いため、こちらもＣＯ$_2$削減効果は大きい。一方で石炭発電の構成が多い国などではＣＯ$_2$削減効果はあまり期待できない。

第４は国内産業振興である。自動車産業はどの国でも基幹産業に位置づけられる。ところが従来車の開発・生産では、なかなか新興国は先進国に敵わない。しかしＥＶでは先進国・新興国のどちらもまだスタートラインに立った状況で、今後の戦い方次第では、勝負できる可能性がある。

各メリットの大きさや重要度は、その国の置かれた環境によって違ってくるが、基本的にこれらのメリットの組み合わせで、政府はＥＶ普及の必要性を国民に説明している。

◉ＥＶの普及に立ちふさがる3つの課題

ＥＶには長所もあるが、課題も山積している。代表的な課題を３つ挙げてみる。

よく最初に指摘されるＥＶの課題は車両価格の高さだ。同セグメントのガソリン車とＥＶで比較してみるとわかりやすい。２０１７年に発売された日産の新型リーフは普通車サイズに相当するが、ベースグレードの価格は約３１５万円だ。一方、リーフと同じ車格（Ｃセグメント）であるティーダ（15S CVT）の価格は約１５４万円であり、ＥＶの価格は２倍となっている。ＥＶのコストの大きな部分を占める電池コストは低下してきているが、まだ従来車と競争できる価格レベルになる見通しは立っていない。

次に電欠への不安があることだ。ＥＶは航続距離（1回の充電で走行できる距離）が短く、充電インフラが整備されていないため、従来車に慣れている我々は不安やわずらわしさを抱いてしまうのである。具体的に見てみよう。日産の新型リーフは航続距離が４００㎞である。これはカタログ燃費であるため、空調などを使用した場合には実航続距離は半減する可能性がある。そして充電ステーションは整備されていない。従来車は一般に５００㎞以上の実航続距離があると言われており、ガソリンスタンドは主要道路を中心に整備済みである。

３つ目は充電時間が長いことだ。航続距離を延ばそうとすると車載バッテリーが大容量化するが、急速充電スポットでも30分程度、家庭用の充電設備では10時間程度かかってしまう。これはガソリン車を満タン給油する時間と比較すると相当長くなってしまい、使い勝手が悪い。

従来車に慣れているユーザーにＥＶを使ってもらうためには、従来車で実現されている性能や使い勝手をＥＶがしっかりキャッチアップできていることが条件となる。

EVシフトの歴史

◉100年前はEVがクルマの主流だった

現在はガソリンエンジンやディーゼルエンジンなどの内燃機関を搭載したクルマが主流だが、自動車が普及を始めた1900年ごろは内燃機関のクルマ、蒸気機関のクルマ、そしてEVがそれぞれ普及していた。1900年にアメリカで生産された自動車は約4000台であったが、そのうち4割程度がEVだったと言われている。EVが主流だった時代があったのである。

当時、EVには他の車にないメリットがあった。蒸気自動車やガソリン自動車に比べて、臭いや騒音、振動がなく、また、操作がはるかに簡単だったということである。ガソリン自動車は、エンジンをかけるためにクランクを手で回す必要があったし、運転中はギアチェンジが必要で、それがとても難しかったようである。蒸気自動車はギアチェンジの必要

図表１−２　エジソンと電気自動車

出典：スミソニアン博物館　Photo of Thomas Edison with an electric car, 1913.（http://americanhistory.si.edu/edison/ed_d22.htm）

はなかったが、始動に時間がかかり、ＥＶよりも航続距離が短かった。

しかし、ヘンリー・フォードによって量産されるようになったガソリン車は、ＥＶよりも大幅に安価になった。また電動スターターなどの技術が採用され、使いやすさが改善された。ガソリン車人気を背景にガソリンスタンドの整備も進み、ガソリン車の時代を迎えることになった。一方、米国では１９３５年までにＥＶは衰退してしまった。

◉過去に３度あったＥＶブーム

その後、現在までに３度のＥＶブームがあった。

・第一次ブーム

最初のＥＶブームは１９７０年ごろで、き

っかけは１９７０年の米国の大気浄化法改正法（通称マスキー法、排ガス規制）と１９７３年の第１次オイルショックであった。特に後者は、ガソリンの高騰を招いたため、ＥＶへの関心が高まった。

この頃は鉛電池を搭載したＥＶが複数のメーカーで開発されたが、航続距離や速度などに限界があり普及することはなかった。

・第二次ブーム

次のＥＶブームは１９９０年代で、これも米国が震源地だった。当時、大気汚染が深刻な問題となっていたカリフォルニア州大気資源局（通称ＣＡＲＢ：California Air Resources Board）がＺＥＶ（Zero Emission Vehicle：無排ガス車）規制の導入を検討したことがきっかけである。

ＺＥＶ規制は自動車メーカーに販売台数の一定割合をＺＥＶにする義務を課すものであり、達成できない自動車メーカーにはその汚名と一緒に多くの罰金が科される非常に厳しい規制であった。ＣＡＲＢはこの規制の施行を２００３年以降に後ろ倒しする代わりに、交換条件として自動車メーカー７社に３７５０台の自主的ＥＶ販売を実施する合意書（ＭＯＡ：Memorandum of Agreement）を締結させた。だが結果的には、やはり航続距離不足などからＥＶの売れ行きは芳しくなかった。そのような状況も鑑みＣＡＲＢはＺＥＶだけでなく、ハイブリッド車なども台数カウントできるような規制緩和を打ち出した。しかし裁判所がカリフォルニア州に対し、ZEV規制の2003年施行を禁止する命令を出したため、カリフォルニア州は規制の修正などが必要となった。このような紆余曲折を経てEV普及の機運は薄れていった。

・第三次ブーム

2008年にリーマンショックによる経済危機が発生し、米国は景気が大きく後退した。デトロイト3（GM、フォード、クライスラーのこと）が大ダメージを受け、2009年にGM・クライスラーは経営破たんに追い込まれた。

この経済危機を乗り切るために、当時の米オバマ政権はグリーンニューディール政策を打ち出した。公共事業や雇用促進策によって大恐慌からの脱却を図ろうとしたニューディール政策に倣い、地球温暖化対策や環境関連事業に投資することで景気回復を図る政策だ。このグリーンニューディール政策においてエコカー開発への補助が積極的に行われたために、テスラや日産をはじめデトロイト3もエコカー開発を推進した。またプラグインハイブリッド車のベンチャーであるフィスカーオートモーティブやLIB（リチウムイオン電池）ベンチャーのA123、EnerDelなども低利融資を受けて開発を推進した。

ルノー・日産はリーマンショック以前からEV普及に注力しており、イスラエルをはじ

2009年10月以降

マサチューセッツ州
バンクーバー
ケベック州
シアトル
トロント市
オレゴン州
テネシー州
ソノマ
ローリー
神奈川県
北九州市
横浜市
箱根町
オーランド
宮崎県
サンディエゴ
ヒューストン
さいたま市
ツーソン
サンパウロ
フェニックス
オークリッジ国立研究所
ウェリントン市
クライストチャーチ州

図表１−３　当時の日産のEV進出

出典：日産HPより作成

め世界の国・自治体に普及施策などの支援を交渉してきた（図表1‐3）。そして2010年12月、日産は満を持してEV専用車種であるリーフを発売し、EVの本格普及に向けてのろしをあげた。2011年時点では45の国・地域とEV普及の支援を取り付けており、いよいよEVの普及への期待が高まっていた。

そして日産のイスラエルプロジェクトで一躍有名になったのが、EV運用事業を推進するベンチャー企業である、米プロジェクトベタープレイス社（以降ベタープレイス社とする）である。特徴は充電時間が短い「電池交換方式」と「携帯電話型ビジネスモデル」である。顧客は携帯電話の端末と同じように、まずベタープレイス社専用の車両を購入する。電池交換を前提としているため、これに合う専用車両でなくてはならない。ベタープレイス社は電池交換ステーションを整備し、顧客から走行距離に応じて月々の使用料を徴収する。EVメーカーや充電装置メーカーの顧客はベタープレイス社の顧客となり、同社が最終顧客の接点を一手に握ることになる。まとめると、この第3次ブームはEV開発が進むだけでなく、EV普及を推進する政府の支援と新たなビジネスモデルが背景となって、EV普及の機運が高まったと言える。

しかし、米国でシェール革命が起き、原油価格が下落してしまったせいでEVの特徴である低燃費の魅力が薄れてしまった。その結果、電動車に対するニーズが縮退し、グリーンニューディール政策で支援を受けたベンチャー企業が相次いで破綻、次第にＥＶブームは去っていったのである。

◉今回のEVブームの違い

いずれの機会もＥＶブームで終わってしまい、普及には至らなかった。その理由はいくつか考えられる。

第１に、クルマとしての魅力が足りなかった。排ガス規制対応に作られたＥＶは、従来車に比べて使い勝手が悪いにもかかわらず価格が高かった。これでは一般ユーザーが購入するはずもない。第２に、ＥＶに対するニーズの強さが足りなかった。ガソリン代の高騰はＥＶへの関心を高めたが、ガソリン価格の下落に伴いＥＶニーズも下降した。カリフォルニア州の大気汚染は、当時はかなり深刻であったが、従来車の性能向上で、状況は改善した。第３に、自動車メーカーのＥＶ販売に対するインセンティブが低かった。ＥＶの販売は、いわば従来車を売るために必要なコストという位置づけであった。

それでは、今回の「ＥＶシフト」は過去のＥＶブームと何が違うのであろうか？

第１の理由であったクルマとしての魅力については、前回のＥＶブーム時と比べて技術的には進歩したものの、概して従来車にはまだ追いついていない。特に電池技術が進歩したことにより、航続距離と電池コストは大幅に改善した。ところがＥＶは航続距離と価格の両面で、残念ながらまだ従来車には敵わないのだ。

ただ、今回はマーケティング上のブレークスルーがあった点が異なっている。テスラのプレミアムセグメントマーケティングである。同社は富裕層をターゲットに、顧客が満足する車両デザインと、技術の先端性をアピールできる車を提供することで、ＥＶの普及課題であった価格と航続距離の問題を解決した。

第２の理由であったＥＶに対するニーズの強さであるが、先進国政府については実態としてあまり変わっていないと思われる。一方、新興国については相当ニーズが高まっている。特に中国の大都市部や、インドのニューデリーにおけるＰＭ２・５の問題は相当深刻だ。実際に現地に行ってみると、マスク無しではいられないほど大気汚染が激しく、そこに暮らす人々が命に関わる問題と捉えてもおかしくない。このような地域では排ガスを出さないＥＶが特効薬となる。またＥＶを産業振興策の一環として捉える新興国が増えてきている点も過去のブームとは異なっている。

第３の理由であった自動車メーカーのＥＶ販売に対するインセンティブについては、前述した「ディーゼルゲート」によって大きく変わった。２０１５年９月にＶＷ（フォルクスワーゲン）の不正が発覚したもので、その後複数のメーカーでも不正が発覚し、多くのリコールと多額の賠償問題に発展、信用を失ったディーゼル車はシェアを下げている。欧州自動車メーカーはＣＯ$_2$規制達成のメイン車種に据えていたディーゼル車の販売が縮小したため、急激なＥＶシフトを実施せざるを得なくなっている。

以上を考えると、今回のＥＶシフトは単なるブームに終わらない条件が揃っているように見える。あとは、一般ユーザーに普及するために、ＥＶが従来車と同等かそれ以上の魅力を持つべく、技術的なブレークスルーを待つ必要がある。

様々な電動車の種類

◉EV、ハイブリッド……電動車の種類と特徴

ＥＶは従来車に比べ、現時点では依然としてコストパフォーマンスでは敵わない。特に電池のコストが高いので、ＥＶの航続距離を従来車並みに仕立てると高級車の価格帯になってしまう。

そこでＥＶシフトの過程である今は、電気駆動とエンジン駆動の両方を合わせ持つハイブリッド車が現実的な電動車（電気駆動を持つ車。ＥＶはもちろん、ハイブリッド車や燃料電池車などが含まれる）として普及している。

ハイブリッド車の分類の仕方はいくつか存在するが、一番ポピュラーなのは機能別分類である（図表1−4）。

・ハイブリッド車（HEV：Hybrid Electric Vehicle）

トヨタのプリウスが代表例であり、日本では既になじみ深いのでご存知の方も多いと思う。機能を順に見ていこう。

まずアイドリングストップであるが、車が停止している時にエンジンを止めることで燃費を向上させる機能である。

次にエネルギー回生だが、従来車では捨てていた運動エネルギーをモーターで電気に変換し電池に貯める機能である。エネルギーを回収できるため燃費が向上する。もう少し説明すると、走っている車は運動エネルギーを持っている。従来車では、運動エネルギーをブレーキで摩擦熱に換えて放出し、車を停止させる。ＨＥＶでは、運動エネルギーをモーターを発電機として使って電気を起こし、電池に貯めて再利用できるのである。

３つ目はパワーアシストである。普及しているＨＥＶの多くは基本的にエンジンでクルマを駆動し、発進・加速時にモーターが駆動アシストする。エンジン・モーターの両方がクルマの駆動に関与するため、パラレル方式と呼ばれる。モーターによるアシストによって、エンジンを効率の良い回転域で使い続けられるため燃費が向上する。

最後にＥＶ走行であるが、エンジンの効率が悪い低速走行時（発進時）にモーターのみでクルマを走らせることができる機能である。

近年、日産からノート e-POWERという、今までとはコンセプトが異なるＨＥＶが発売

	HEV	PHEV	EV
	200V ～	200V ～	200V ～
	●	●	
	●	●	●
	●	●	
	●	●	●
		●	●
	プリウス ノート e-POWER	Volt アウトランダー	リーフ テスラ モデルS

プリウス（トヨタ）

Volt（Chevrolet）

リーフ（日産）

ノート e-POWER（日産）

アウトランダー（三菱）

モデルS（テスラ）

図表1-4　ハイブリッド車(およびEV)の種類

電圧		マイルドHEV	
		12V	48V
機能	アイドリングストップ	●	●
	回生ブレーキ	●	●
	駆動アシスト	●※	●※
	EV走行		
	充電		
代表的なクルマ		ハスラー(S-エネチャージ) セニック（48V車)	

※マイルドHEVの駆動アシストはあまり強くない

ハスラー（スズキ）

セニック（ルノー）

画像提供：スズキ、トヨタ自動車、ゼネラルモーターズ・ジャパン、日産自動車、
ルノー・ジャポン、三菱自動車工業、テスラジャパン

され、話題を呼んでいる。このＨＥＶはシリーズ方式と呼ばれており、エンジンとモーターを備えている点はプリウスなどと同じであるが、エンジンは発電のためだけに運転され、その電気がモーターに送られ、モーターがクルマの駆動を一手に引き受ける。電池を搭載しており、エネルギー回生とパワーアシストの機能を備えている点はプリウスと同じである。

・プラグインハイブリッド車（ＰＨＥＶ：Plug-in Hybrid Electric Vehicle）

簡単に言えば、車載電池に充電できる機能を有しているＨＥＶである。三菱自動車のアウトランダーや、ＧＭのVoltが代表選手だ。

このＰＨＥＶは、ＨＥＶと同様の機能により、燃費向上を実現している。ただＨＥＶと少し異なるのは、「普段使いはできるだけ環境とお財布に優しいＥＶ走行をしよう」という点にある。ＨＥＶでは電池に細かなエネルギーの出し入れを担わせているが、ＰＨＥＶでは電池に普段使いに必要な分の電力貯蔵を求めるため、電池搭載量がＨＥＶに比べると多くなることが一般的で、車両価格も高くなる。

・マイルドハイブリッド車（マイルドＨＥＶ）

エネルギー回生機能やパワーアシスト機能がＨＥＶに比べると限定的であり、燃費向上

図表1-5　従来車、EV、ハイブリッドのパワートレインの性能比較

		ガソリン	ディーゼル	マイルドHEV	HEV	EV
政策課題	脱石油	＋	＋	＋	＋＋	＋＋＋
	CO_2	＋	＋＋	＋＋	＋＋＋	?
	クリーン排気	＋	−	＋	＋＋	＋＋＋
ユーザー課題	航続距離	＋	＋	＋	＋＋	−
	燃料インフラ	＋	＋	＋	＋	−
	ランニングコスト	＋	＋＋	＋＋	＋＋＋	＋＋＋
	価格	＋	−	−	−−	−−−

出典：野村総合研究所

もそこそこしか期待できないが、コストアップを抑えられる簡易ＨＥＶである。基本的にＥＶ走行はできない。

現在は２つの流れがある。１つは俗に48Ｖ車と呼ばれており、欧州で開発が活発化しているタイプである。２０１６年にルノーがセニックで採用した。実は48Ｖ車のもともとのコンセプトは車載エレクトロニクス機器の増加に対応するための高電圧化だった。現在の車内電圧は12Ｖだがこれを48Ｖに高電圧化して電気をしっかり流せるようにしようというものであった。高電圧化によってレベルの高いエレクトロニクス機器の導入が検討されているが、エネルギー回生・パワーアシスト機能はそのうちの１つである。ただ、昨今の燃費規制強化へのソリューションとしてその機能がクローズアップされ、マイルドＨＥＶとして位置づけられている。

話は少しそれるが、実は約15年前にも同様の目的で高電圧化（その際は42Ｖ化）の議論がなされた。トヨタは42Ｖシステムを搭載した「クラウンマイルドハイブリッド」を２００１年に発売したが、燃費面でのパフォーマンスがコストに見合わず、ＨＥＶに注力したほうがよいということで、普及に至らなかった。このためトヨタをはじめ日系自動車メーカーはマイルドＨＥＶの市場投入に積極的ではないのである。

もう１つの流れは高電圧にせず従来車と変わらない12Ｖの電圧のまま簡素なハイブリッド機能を追加したものである。これはスズキのＳ-エネチャージが有名である。

このマイルドＨＥＶのいいところは、従来車への設計変更が少なくて済むということである。今回の電動化の流れの中でコストパフォーマンスが向上すれば、すばやく大量に普及していく可能性がある。

ＥＶシフトのカギを握る電池開発

◉ＥＶのコストの３分の１は電池

電動車の主要構成部品はモーター、インバーター、電池の三種の神器だと説明したが、その中でも、電池は電動車の走行性能に与える影響が大きく、かつコスト構成比も非常に大きい。たとえばＥＶであれば、価格の３分の１程度は電池コストだと思われる。

電動車に使われている電池は、繰り返し充電・放電をして使う電池であり、これは二次電池と呼ばれている。乾電池のような使いきりの電池は一次電池と呼んで区別している。

電動車の種類について前節で見てきたが、二次電池にもいくつか種類があり、自動車メーカーは各電動車に応じて二次電池を使い分けている。図表１−６に二次電池の種類と特徴を示したが、簡単に言うと、表の右側ほど性能が高いがコストも高い。

現在ＨＥＶではニッケル水素電池とリチウムイオン電池（ＬＩＢ）が使い分けられてい

図表1-6　主な市販二次電池のエネルギー密度

		鉛蓄電池	ニカド	ニッケル水素	リチウムイオン
商品化		1859年	1899年	1990年	1991年
エネルギー密度	現状［Wh/kg］	30～50	65	90	170
	理論値［Wh/kg］	161	209	275	360
	現状［Wh/L］	50～100	210	340	460
	理論値［Wh/L］	720	751	1134	1365

注）鉛蓄電池は大型角形、それ以外は円筒形（17～18mm^{D}×60mm^{H}の値、2001年1月）。

理論エネルギー密度は正極・負極活物質の量だけから計算した値。

出典：小久見 善八『リチウム二次電池』（オーム社、2008年）より野村総合研究所作成

図表1-7　電池の種類と採用されている電動車

		マイルドHEV		HEV	PHEV	EV
		12V	48V			
搭載電池	鉛蓄電池	○	○			
	ニッケル水素			○		
	リチウムイオン	○	○	○	○	○

出典：野村総合研究所

るが、ＰＨＥＶとＥＶには主にＬＩＢが使われている。電池の性能は主に「同じ重量（kg）や体積（l）でどれだけ電気（Wh）を貯められるか」で表される。これをエネルギー密度と呼んでいるが、ＬＩＢはニッケル水素電池に比べて、重量エネルギー密度（Wh／kg）や体積エネルギー密度（Wh／l）で２倍程度高い。よって航続距離を稼ぎたいＥＶやＰＨＥＶではＬＩＢ一択ということになる。

マイルドＨＥＶではコストの安さが重要なので鉛蓄電池を活用するケースもあるが、現在市販されているルノーの48Ｖシステムでは、耐久性が評価され、ＬＩＢが採用された。

◉第二ラウンドに突入したＬＩＢ市場の戦い

ＬＩＢは主に携帯電話やノートＰＣのような民生用で使われており、我々にとっては馴染み深い部品である。

ＬＩＢ市場は１９９１年に立ち上がった。三洋電機（現パナソニック）が世界のトップを走っていたが、徐々に韓国メーカーに追い上げられ、２０１０年ごろサムスンＳＤＩにシェアを逆転され、現在、民生用ＬＩＢ市場では韓国の勝利でほぼ勝負がついた。そのような中、車載用ＬＩＢ市場が拡大してきており、土俵を変えて第2ラウンドの競争が起こっている。

現在、代表的なＬＩＢメーカーは日系ではパナソニック、韓国系ではＬＧ化学、サムスンSDIであり、この3社はLIBのビッグ3と言われている。近年ではここに中国BYD、CATLの2社が加わってビッグ5と呼ばれることもある。

パナソニックは米テスラとともに米国ネバダ州に「ギガファクトリー」を立ち上げ、円筒形のLIBを生産している。また同社は角形のLIBも生産しており、こちらは主にトヨタやホンダ向けに供給している。2017年12月に、同社はトヨタと角形LIBについて協業を検討していると発表した。

LG化学は価格競争力の強いラミネートセルを武器に多くの顧客開拓に成功している。主な顧客はGM、ルノー、現代であり、車載LIB市場では非常に大きな存在感を示している。

サムスンSDIは角形LIBを生産しており、主な顧客はBMW、VWである。BYDは自社のEV、PHEV向けにセルを生産している。CATLはBMW、VWなどの先進国自動車メーカーから、中国でのセル調達先として選ばれており、現在急速に成長している。

◉電池技術のブレークスルーとして注目される全固体電池

LIBは継続的にエネルギー密度を向上させ、コスト低減を実現してきた。しかしながら、この技術トレンドから想定される2020年のLIBの性能・コストでは、従来車並みの航続距離を持つマスセグメントのＥＶを実現することは難しく、今のところ実現の目途が立っていない状況である。そこで電池技術のブレークスルーか他の手段によるＬＩＢコストの低減がＥＶ普及には必要となっている。

電池技術のブレークスルーとして注目されているのが全固体電池だ。現在のＬＩＢには電解液と呼ばれる可燃性の液体が含まれている。この電解液がイオンを運ぶ役割を担っているが、これを固体材料（電解質）で代替した電池が全固体電池だ。一般的にイオンの導電性は固体の方が液体よりも低いので、適切な固体材料を作ることが難しかったが、近年の研究で導電性に関して液体に引けを取らない固体電解質が見つかってきた。可燃性の液体が電池からなくなるので、安全性を高めることができる。また詳細については省くが、たとえば金属リチウムを負極に使うなど、固体電解質の採用により、電極に今まで使えなかった高性能材料が使用可能となり、エネルギー密度を飛躍的に高めることができると言われている。

ただ、見つかっている導電性の高い固体電解質は硫化物を含んでいるため、水と反応して有毒な硫化水素を発生してしまうなど取り扱いが難しい。また高性能材料を使用したときに、問題が起こらないという保証はまだ確立できていない。実際は、様々な課題が依然として残っているため、玄人は巷で騒いでいるほど実用化に対して楽観視をしていない状況である。

◉電池リユースを前提としたビジネスモデルの登場

前述したような状況のため、技術開発による電池のコストダウンと並行して、事業上の工夫で電池の実質的なコストダウンを実現することが重要である。

現在考えられているのは、中古電池市場を創出することである。車載電池として使った後、その電池を取り出し、リパッケージして、送配電網の調整用途など、定置用の蓄電池としてリユースする。次の使い手が中古電池を購入してくれれば、ＥＶ購入者は電池費用負担を減らすことができるのである。

電動車市場の状況

◉電動車市場は成長セグメント

１９９７年にトヨタがプリウス発売して以来、電動車市場はずっと右肩上がりで成長を続けてきた。２０１６年に電動車市場は約２４０万台となった（図表１-８）。

直近２００６〜２０１６年の10年間をとってみると、乗用車市場全体の年平均成長率が３・４％であるのに比べ、電動車市場は20・８％と驚異的に高く、確かに高成長セグメントなのである。しかしながら、過熱気味な報道とは裏腹に、現時点の自動車全体市場に占める電動車の割合はたかだか２・６％に過ぎない。ただ裏を返せばまだまだ電動車市場は成長余地が残されていると言える。

図表１−８　電動車市場の推移（1）

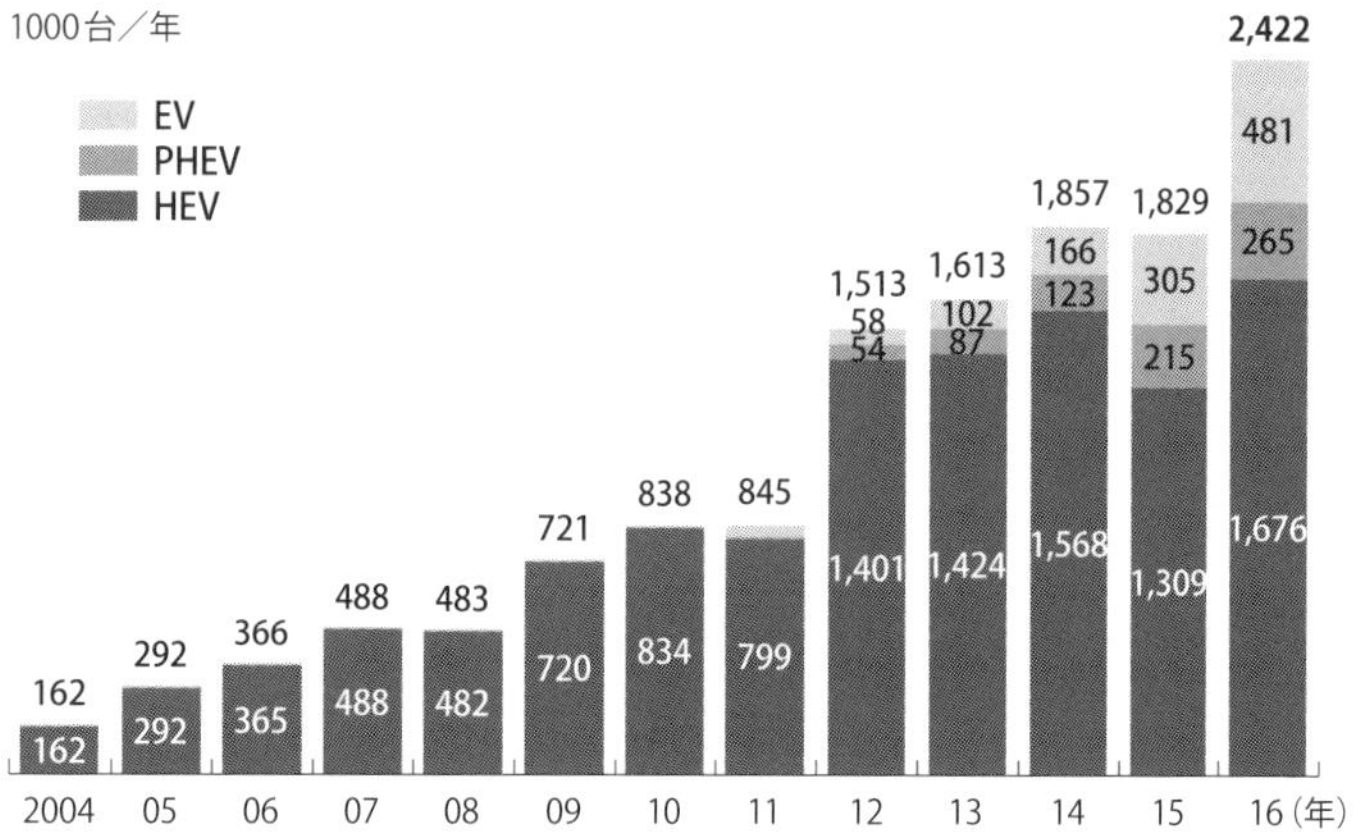

出典：野村総合研究所

◉ＥＶ・ＰＨＥＶにシフトしつつある電動車市場

パワートレイン別で見ると、市場立ち上がり当初から、市場の牽引役はＨＥＶであった。

またそのＨＥＶを作っていたのはほぼトヨタとホンダであった。電動車市場は日本が牽引してきたのである。途中２０１１年に市場成長が鈍化しているが、これは東日本大震災によって生産がストップしたためである。日本が市場を牽引していた証左でもある。

２０１１年以降、ＰＨＥＶやＥＶの市場が立ち上がり始めた。前に述べたように、２０１０年末に日産がリーフを発売し、ＥＶの販売台数が増加した。また同じく２０１０年末、ＧＭがＰＨＥＶのVolt

を発売し、２０１１年に販売台数を伸ばした。２０１３年には三菱自動車がアウトランダーPHEVを発売し好調な販売を見せた。

その一方で２０１１年以降HEVの販売が停滞し始めた。１つの理由はシェール革命による米国HEV市場の停滞だ。もともと２００８年のリーマンショックにより、米国HEV市場は縮小していたが、これを日本市場の拡大で補っていた。しかしここにシェール革命による原油価格の低下が襲い、車の購入要因における燃費の重要性を更に押し下げることになり、HEV人気に水を差した。

この傾向は近年も続いており、HEV市場が停滞している中で、PHEV、EVの市場が拡大しているのである。ただ、近年ではPHEVは欧州、EVは中国市場が牽引している。特にEVでは２０１５年から中国が世界最大の市場となった。

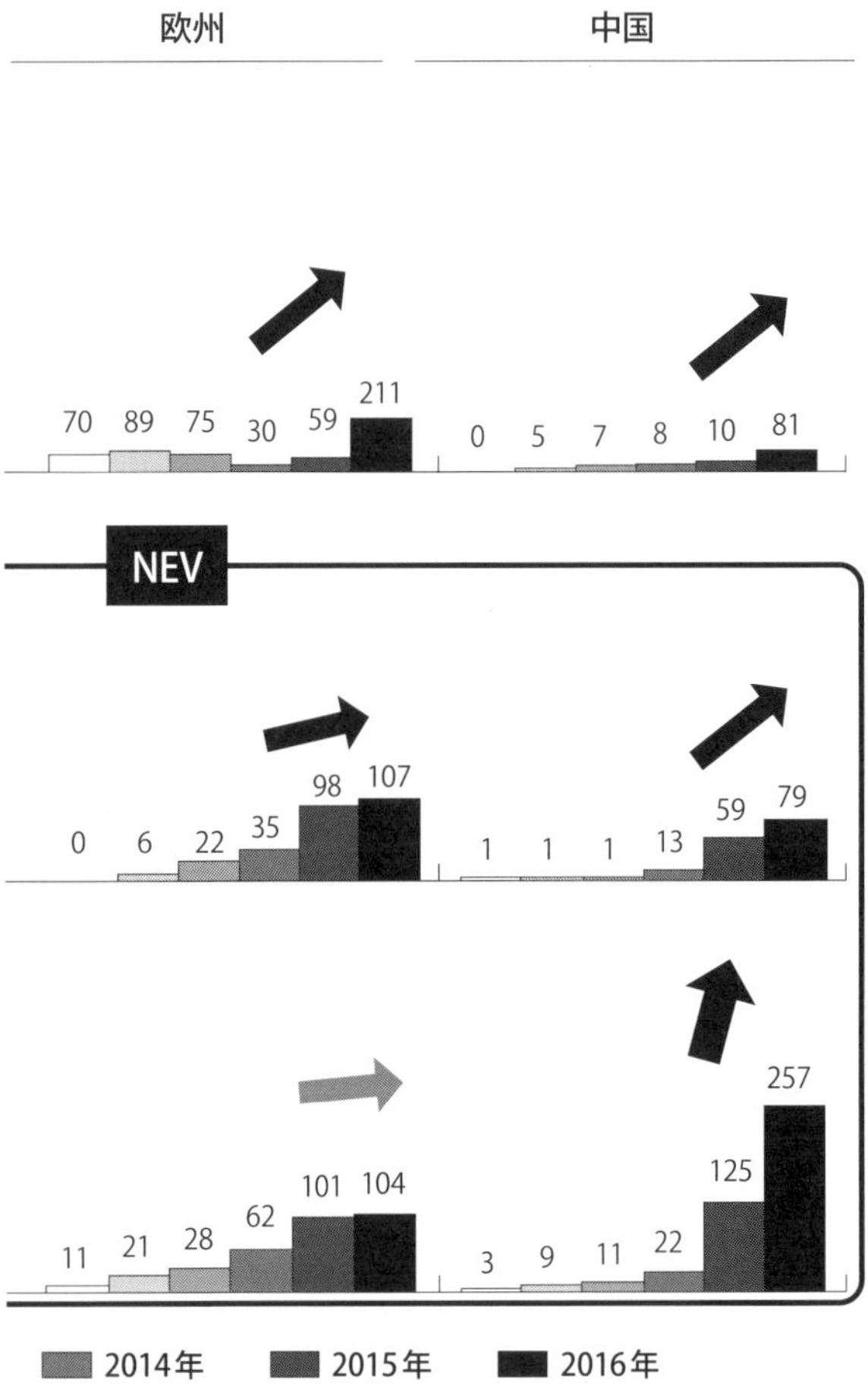

欧州
中国
70
89
75
30
59
211
0
5
7
8
10
81
NEV
0
6
22
35
98
107
1
1
1
13
59
79
11
21
28
62
101
104
3
9
11
22
125
257
2014年
2015年
2016年

図表1-9　電動車市場の推移(2)

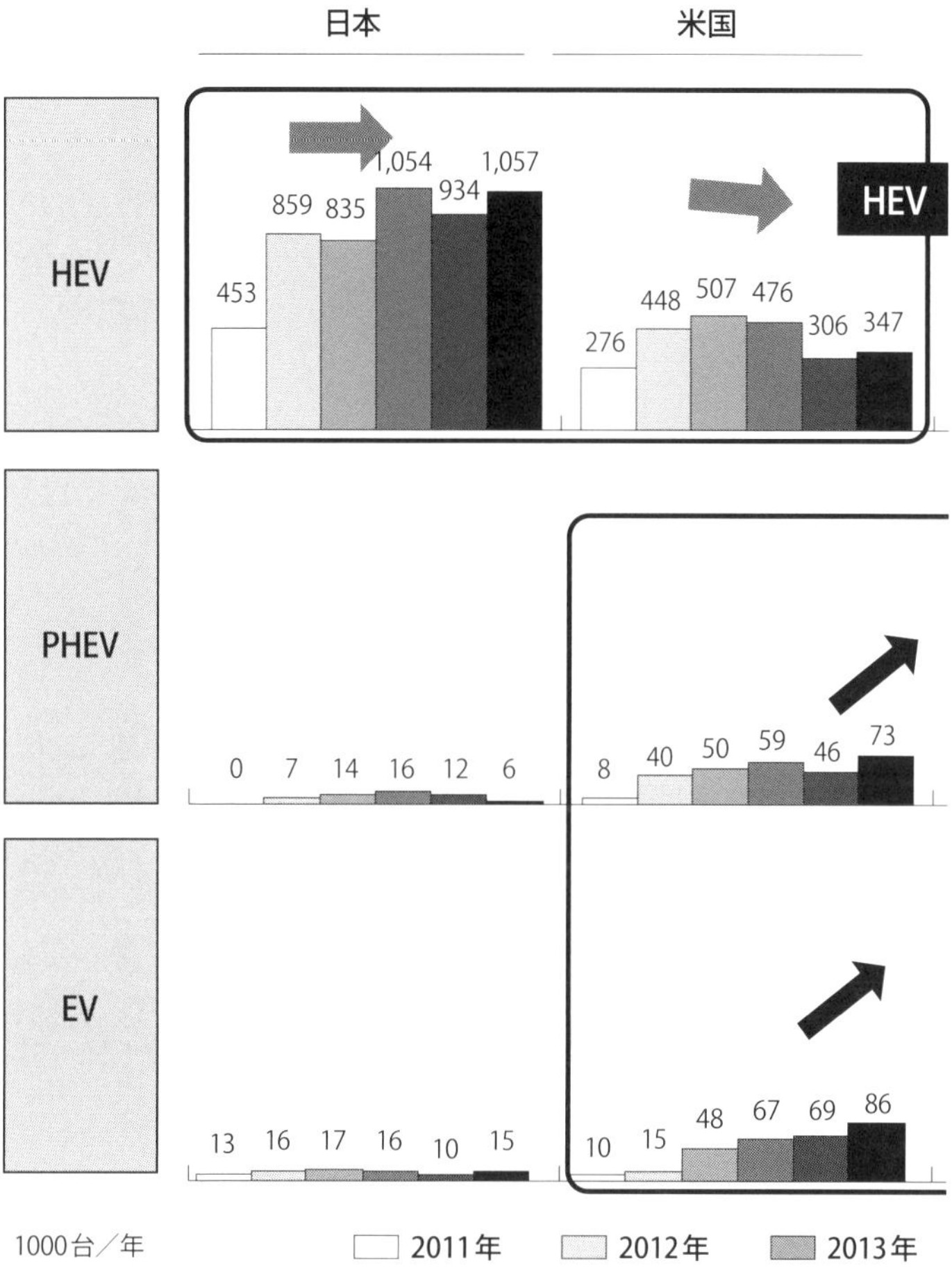

注）NEV（New Energy Vehicle）：EV、燃料電池車、PHEVのこと。
出典：各DBにより野村総合研究所作成

ＥＶの世界最大市場、中国が地殻変動を起こす

◉新興メーカーの参入による自動車の地殻変動

中国の自動車産業では、自動車の電動化、自動運転、コネクテッド、シェアリングサービスを巡り、アリババやテンセント、百度などのＩＴ大手だけではなく、NextEV（蔚来汽車）やSingulato（奇点汽車）、VM motor、XIAOPENG MOTORSなど十数社のＥＶベンチャーが積極的な市場参入を果たしている。各社は数百億元（1元＝約17円）単位の資金を市場やファンドから集めて、次世代車の開発に投資している。

NextEVは２０１７年12月にＮＩＯブランドからｅｓ8というＥＶを発売した。ホイルベースが3メートルを超えた7シートのＳＵＶで、アルミボディ、２モーター・四輪駆動のドライブシステム、70ｋＷｈの交換式電池（電池交換の時間は3分程度）を搭載し、ＮＥＤＣモードで３５５㎞の航続距離、０－１００㎞／ｈまでの加速が４秒程度である。

図表1-10　NextEVのes8

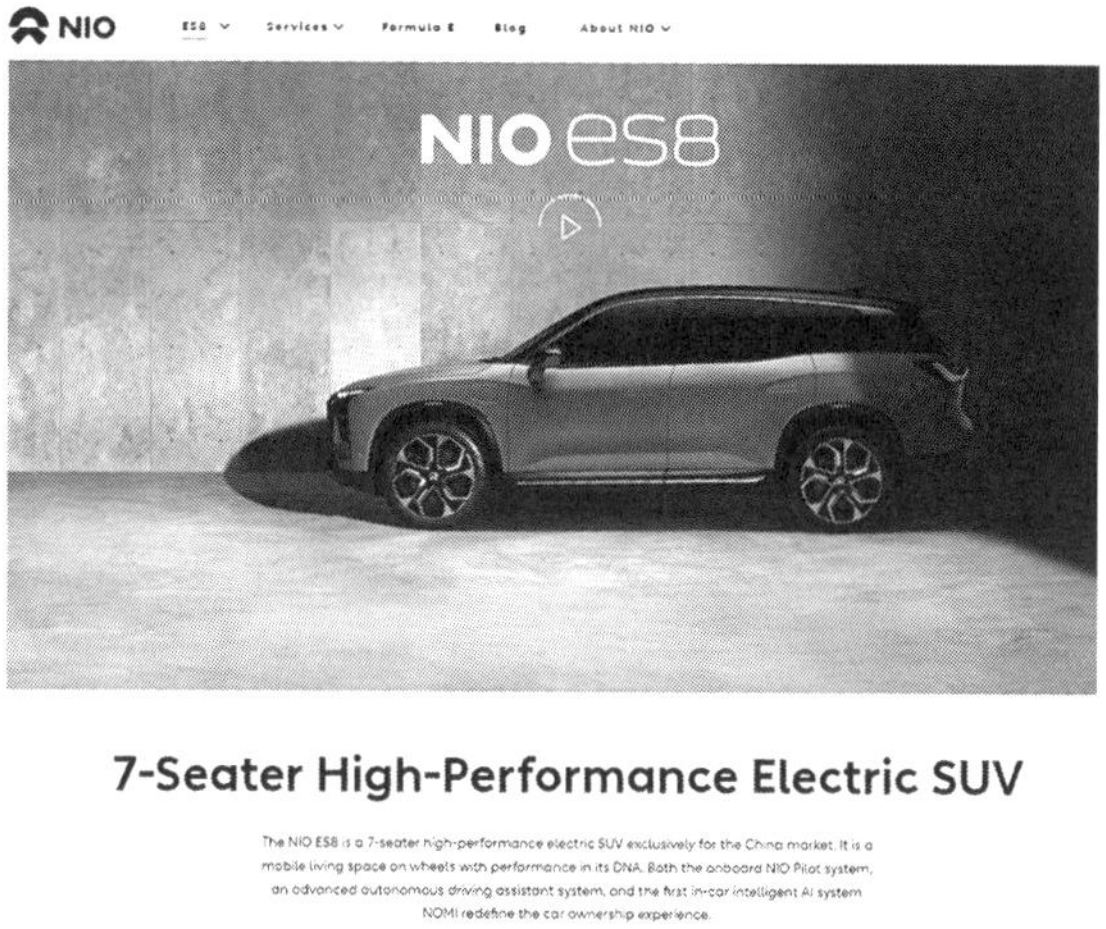

出典：https://www.nio.io/es8

NextEVはこのような特徴を持つes8を「テスラの加速性、レクサスの品質、トヨタハイランダーの価格（30万元、バッテリはリース）」を実現した、非常に高いコストパフォーマンスを有するクルマとしてアピールしている。

電池交換のビジネスモデルというと、前述したベタープレイス社の課題が想定されるが、NextEVはEVだけでなく、自動運転やICV（Intelligent Connected Vehicle：127ページ参照）を組み合わせたビジネス展開を想定しており、様々な領域の企業とのアライアンスを通じて開発、生産、販売、サービスのリソースを確保し、投資を抑制している点が異なっている。

たとえば、開発面では、自動運転機能の実現のために、ボッシュやMobileyeなどの有名なTier1サプライヤー（自動車メーカーに直接納入する部品メーカーのこと）を巻き込んでいる。生産面では、JAC（安徽江淮汽車）や長安汽車など既存の自動車メーカーの生産工場を活用することで初期投資を抑え、販売台数の増加に伴って自社工場を立ち上げる計画である。ICVに関しては、IT大手のテンセントから資本を受け入れて、テンセントのビッグデータ技術を活用する。また、JACとのJV（ジョイントベンチャー）も立ち上げて、車両生産だけではなく、電動化技術やICVなどの領域での共同開発も行う。

2030年以降、自動運転の導入が進めば、車は移動手段としての位置づけが高まり、ユーザーの車に対する価値観は今以上に保有から利用へシフトする。シェアリングサービスが進み、クルマの購入者は一般ユーザーから法人事業者にシフトする。その時に、法人事業者から見ると、電池交換式のクルマであれば、問題が出た、あるいは出そうになった電池パックをクルマから即座に取り外すことができるため、電池が車両に固定された状態に比べトラブルの数を減らすことができる。その結果、顧客満足度を上げつつ、運営コストが下げられる。

またシェアリングが普及するとディーラー経由の販売台数が減少するのでディーラー店舗数が減少し、自動車メーカーの顧客サービス機能が脆弱化する恐れがある。その際に

ＩＣＶがあれば、ユーザーニーズや、プロファイル、目的地などによって、高度にカスタマイズされたクルマやサービスを提供することができる。

つまり彼らの取り組みは、自動車メーカーの顧客サービス機能の脆弱化を補うソリューションになっているのである。

NextEV のような新興メーカーたちは１００年以上続いてきた自動車業界のビジネスモデルに対して、イノベーションを起こそうとしているのである。

◉ゲームチェンジを狙った中国のEVシフト戦略

前にも述べたとおり、今までＥＶブームは過去に3回起きたが、いずれもブームにとどまり、ＥＶが普及することはなかった。今回のＥＶシフトも従来車に負け、ＥＶブームとしていずれ鎮火していくだろうと考えている人もいる。グローバルでＥＶシフトが起これば、内燃機関を中心とする現在の産業構造が崩れ、雇用などへのダメージも深刻となる。そのためＥＶシフトは起きてほしくない、起きたとしても中国国内にとどまれば良いと後ろ向きの考えも多いはずだ。実際、現在のＥＶに使われる電気は火力発電所に由来しているため、ＥＶの普及がかえって二酸化炭素排出を助長することや、ＬＩＢのリサイクルシステムが確立していないため、地球環境に悪影響を与えるなどの意見を盾にしてＥＶシフトに反対する人も少なくない。

さて今回の中国市場におけるＥＶシフトの動きは、エネルギーセキュリティの確保や産業振興などの目的で国家戦略として実施されており、いわゆる政策によってＥＶ市場が創出されている状態にある。ＥＶ市場が本当に持続的な成長を実現するためには、ユーザーに受け入れられることが必要不可欠だ。しかしながら、ＥＶの航続距離、充電インフラの整備状況、電池の安全性など、ＥＶの普及課題は未だに山積している。

なぜ中国政府はＥＶシフトを進めるのか。中国にとって、自動車産業は経済を更に成長させていくための重要産業の１つである。１９８０年代から様々な政策を打ち出した中国の自動車市場は２０００年代後半のモータリゼーションを経て、すでに世界一の市場へ大きく成長した。しかし２０１５年ごろまでは、コアとなる部品やコア技術などは外資系企業に握られていたため、自動車強国とは言えなかった。「中国製造２０２５」（中国政府が２０１５年に発表したものづくり強国を実現するための国家戦略）もこのような背景のもとに打ち出されていた。中国自動車メーカーが成長し、中国が自動車強国になるためには、自動車を取り巻く環境に大きな変化を与え、ゲームチェンジをしない限り難しいと中国政府は見ているのである。

今後、中国のＥＶ市場が継続的に発展していくか、それとも予想と反して縮小していくか。従来車のビジネスモデルを引きずらない中国自動車産業に関わる企業たちは、お互いに競争しながら、ＥＶシフトの方向に進むだろう。ＥＶ推進派には日産・ルノーやテスラ、

BYDだけではなく、欧州のジャーマン3も名を連ねた。そして、GMも中国の開発拠点であるPATAC（上海汽車とGMのR&D拠点）を活用して、新興国向けの低コストEVの開発に乗り出した。HEVをメインに電動化を進めてきた日本のトヨタやホンダもEV開発にリソースを投入し始めた。

すでに大手各社の最重要戦略となり、日米欧だけではなくASEANやアジアの各政府もEV政策の検討を始めていることを踏まえると、自動車産業におけるEVシフトの波はもはや後戻りできないものになっているのではないか。

◉IoTやAI技術を活かした中国自動車メーカーのグローバル戦略

第5章で触れるように、今回のEVシフトは、自動運転、コネクテッド、シェアリングなどのトレンドと合わせて進行する。そこでは、IoTやAI技術をもって、自動車産業の開発から生産、調達、販売、利用などバリューチェーン全体で変革が起こる。従来車の時代に大きく成長できなかった新興国自動車メーカー、特に中国系自動車メーカーにとって、EVシフトはリスクではなくチャンスなのである。

開発におけるすり合わせは、長い年月の経験やナレッジの蓄積が必要で、従来車メーカーの競争力の源泉であったが、部品点数が少なく、エンジンがなくなったEVでは、中国系自動車メーカーはより短い期間でナレッジを習得することができた。

生産では、従来の自動車産業では自動車メーカーが製造委託を受けることはほとんどなかった。しかし、ＥＶでは中国の一部の自動車メーカーが製造委託を受け入れてもよいと判断している。自動車業界で「ＥＭＳ」化が起こる可能性がある。

販売では、従来車の場合、綿密なディーラー網によって、顧客接点を高い品質で維持してきた。しかしＥＶを含む次世代車では、ＩｏＴを活用して、より小規模で、移動式ディーラーのような形態も成り立つ。

利用では、クルマの普及率が高まり、渋滞が深刻な社会問題になっている中国では、ＩＣＶとビッグデータ技術を活用して、ユーザーに目的地までのモビリティサービスを最適な手段で提供する仕組みを開発している。

今後、自動運転の実現には、ＡＩ技術が必要となる。さらにディープラーニングの精度を高めるために、大量なデータが必要だ。中国はモバイル端末の普及率が非常に高く、ＡＩ開発も盛んに行われている。環境認識、顔認証から音声認識まで、様々なＡＩスタートアップ企業が存在している。将来、彼らは中国政府や大手ファンドの支援を受けて先進国の大手に負けない技術を開発できるだろう。

一方、ＥＶシフトが起きても、今まで同様、重要な要素技術や部品もある。たとえば、エアバッグなどの安全部品や、自動車生産に必要な製造設備や産業用ロボットなどである。これに対して、中国企業は積極的にＭ＆Ａを通じて海外企業の技術を獲得しようとしている。２０１４〜２０１７年10月まで、中国企業は自動車産業における海外企業の買収案件数がすでに92件に達しており、金額が明らかになった案件の規模は約３００億ドルになっていた。２０１７年の件数をみると、ドイツ、米国、日本がトップ３であった。

ＥＶシフトに対して、日本企業はどのような対応方針を取るべきか。ここで詳細を語ることは避けるが、自らＥＶシフトの波に乗って、大きなビジネスチャンスを掴もうとする日系企業が最近増加してきた。たとえば、日本電産はフランスに本社を置くＬＳ（Leroy-Somer）社を買収することを通じて、フランスのＰＳＡとのＪＶを作った。安川電機は中国の奇瑞汽車とＪＶを組んだ。

ＥＶシフトの波に乗ることはリスクテイクかもしれないが、急速なＥＶシフトの波に乗れないことこそが真のリスクかもしれない。

第2章

EVの覇権を握る国はどこか?

前章ではEVシフトの歴史や電動車・電池の技術を共有した後、EVシフトの現状を概観した。本章では、地域・国の観点からEVシフトの動きを見ていくことにする。今後は、環境政策がEVシフトの強力なドライバーになることを見据え、環境政策の動向や背景にある政府の思惑を中心に迫ってみたい。

電動化の強力なドライバーとなる「環境政策」

◉先進的なユーザーが市場を牽引

国内では、1997年に発売されたトヨタ自動車のプリウスが、市販車としての電動車の先駆けである。また、EVに関しては、2009年に発売された三菱自動車のi-MiEVが、市販車としてのEVの先駆けであり、その後、2010年には、日産自動車により、国内初の専用車EVであるリーフが発売された。

発売から、電動車は20年、EVに限っても8年の歳月が経っているが、これまでにこうした車を購入したのは、いずれも先進的なユーザーが中心だった。

ここで、スタンフォード大学の社会学者、エベレット・M・ロジャースが1962年に提唱したイノベーター理論（図表2―1）を利用して、この仮説の妥当性を簡単に検証してみたい。ロジャースのイノベーター理論では、消費者の商品購入に対する態度を新しい商

図表2-1　ロジャースのイノベーター理論

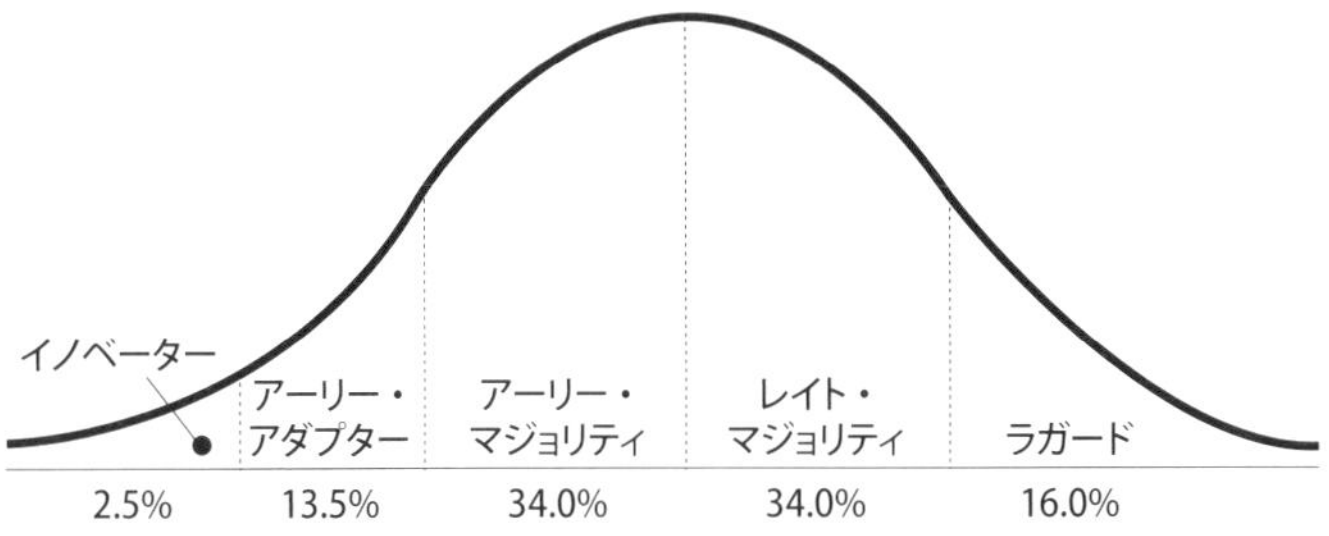

- ●イノベーター：新しいものを進んで採用する、革新的採用者のグループ
- ●アーリー・アダプター：社会と価値観を共有しているものの、流行には敏感で、自ら情報収集を行い判断する初期の少数採用者のグループ
- ●アーリー・マジョリティ：新しい様式の採用には比較的慎重な、初期の多数採用者のグループ
- ●レイト・マジョリティ：新しい様式の採用には懐疑的で、周囲の大多数が試している場面を見てから同じ選択をするグループ
- ●ラガード：世の中の動きに関心が薄く、流行が一般化するまで採用しないグループ

出典：各種公開情報を基に野村総合研究所作成

品に対する購入の早い順から、①イノベーター（＝革新的採用者〈２・５％〉）、②アーリー・アダプター（＝初期少数採用者〈13・５％〉）、③アーリー・マジョリティ（＝初期多数採用者〈34％〉）、④レイト・マジョリティ（＝後期多数採用者〈34％〉）、⑤ラガード（＝伝統主義者〈16％〉）の５つのタイプに分類している。

一般社団法人次世代自動車振興センターによると、国内のＥＶ保有台数（乗用車と軽自動車の合計）は、２０１６年末には約８万８０００台となっている。一般社団法人日本自動車工業会によると、２０１６年末における国内の乗用車保有台数（普通車、小型四輪車、軽四輪車の合計）は約6140万台ほどであるため、国内のEV普及率はまだ約0・1％強にすぎない。

一方、EVにHEV、PHEV、FCEV（燃料電池車）を加えた電動車全体で見ると、2016年末の保有台数は約711万台であり、普及率は約11・6％まで拡大する。よって、これまで国内でEVを購入したユーザーは、イノベーターのごく一部にすぎない。また、電動車全体で見ても、これまでの購入者は皆、イノベーターおよびアーリー・アダプターという枠に収まっている。

これまでの電動車市場は、先進的なユーザーが電動車の持つ先進的なイメージに高い価値を見出し、購入を進めることで、市場が拡大してきたと言えよう。

◉マスマーケットへの普及で重要となる環境政策

イノベーター理論によると、イノベーターやアーリー・アダプターへの普及が一巡した後は、経済合理性を重視するマジョリティが販売ターゲットの中心となる。

先に述べたように、2016年末における国内の電動車普及率は約11・6％なので、仮に国内の乗用車保有台数が今後、横ばいで推移し、かつ、2017年以降、電動車の販売台数が2011〜2016年の年平均成長率（約28％）で増加したとすると、2017年には先進的なユーザーへの普及が一巡し、マジョリティが販売ターゲットとして入ってくる。

しかし、第1章で述べたように、ガソリン車とEVの間における価格差は、電池など電動構成部品のコスト低減見通しを踏まえても、当面はその価格差が大きい状況が続く。価格差が大きいため、ランニングコストでメリットを享受できても、イニシャルコストの差を取り戻す前に買い替え時期を迎えてしまう。この問題が解決されない限り、マスユーザーにおけるEVの普及は難しい。

価格差の問題は、企業やユーザーの努力だけでは当面解決できるものではなく、政府や自治体が間に入って、これをサポートすることが必要になる。

具体的には、法規制による企業への圧力や優遇策によるユーザー・企業にとってのメリットの創出が、EVの普及促進につながる。法規制を受けて、メーカーがEVの販売価格を引き下げたり、優遇策により、ユーザーのEV購入価格が安くなることにより、本格的なEVシフトが進む。

法規制に関しては、米国（カリフォルニア州）のZEV規制や中国のNEV（EV、PHEVおよびFCEV）規制のように、EVをはじめとする環境対応車の導入を義務づけ、EVシフトを直接的に促進するものと、燃費（CO_2）規制や排ガス規制のように、基準値が設定され、その達成手段として環境対応車へのシフトが間接的に促進されるものがある。

同様に優遇策に関しても、補助金や税制優遇のように、購入時のユーザーの経済的な負担を直接的に引き下げるものと、たとえば、ＥＶユーザーはバスレーンの使用が認められて渋滞を回避できるなど、購入価格の引き下げには直結しないが、ユーザーにとって大きなメリットが提供されるものがある。

◉国や地域による環境政策の違いが電動化の勢力図にも影響

燃費（CO_2）規制や補助金、税制優遇などの環境政策は、国ごと、地域ごとに個別に実施されており、内容やレベルの違いが、その電動化のスピードに大きな影響を与える。

たとえば燃費（CO_2）規制に関しては、２０１０年代に入ってからは、新興国でも導入が進んでおり、２０１７年時点ではグローバル市場の９割以上が同規制を導入している。ただし、各国、各地域が定める基準値は全く異なっている。世界で最も燃費（CO_2）規制が厳しいのは欧州であり、２０２１年時点で95ｇ／㎞までCO_2排出量を引き下げることを要求している。

なお、欧州や米国、中国では、燃費（CO_2）規制が達成されなかった場合、企業（自動車メーカー）に対してペナルティが科されることになっている。たとえば欧州の場合は、販売車両が排出するCO_2の企業全体の加重平均値が基準値を満たさなかった場合、２０１９年以降は１台１ｇ／㎞につき95ユーロの罰金が科される。たとえば、欧州で年間

１００万台の乗用車を販売するメーカーの場合、ＣＡＦＥ（Corporate Average Fuel Economy：企業平均燃費）を１g／km（約２・32km／Lに相当）超過しただけでも１００億円以上の罰金を支払わなければならない。１km／Lの燃費削減に自動車メーカーが血眼になっている理由はここにある。

罰金の支払いは企業にとって経済的な負担が大きいだけでなく、ブランドイメージの低下にもつながるため、燃費（CO_2）規制の達成は、企業にとって重要な課題と位置づけられている。

今後は、このような国や地域による環境政策の違いが、電動車市場における勢力図にも大きな影響を与えるようになる。

本格化する日本包囲網

◉初期は、米国と日本が電動車市場を主導

各国のＥＶシフトの現状と取り組みを見る前に、電動車市場における地域軸の勢力図が、これまでどのように変遷してきたのかを振り返りたい。

先に述べたように、１９９７年に市販車として世界初のＨＥＶであるトヨタのプリウスが発売されて、電動車市場の形成が始まった。世界の電動車市場は、はじめは米国が主導した。２０００年代前半から中盤にかけての電動車市場の地域別販売台数を見ると、プリウスの好調な売れ行きを背景に、米国が世界の電動車市場の過半シェアを占めている。この頃はまだ、日本は電動車市場では米国に次ぐナンバー2のポジションにあった。

しかし、２００9年の3代目プリウスやインサイトＨＥＶの発売を機に、国内での電動車市場の成長が一気に加速する。同年には日本が米国を大きく逆転し、今度は日本が世界

の電動車市場の過半シェアを占めるようになる。

一方で、欧州や中国は、日米に比べると電動車市場の立ち上がりで大きく遅れを取っていたが、2012年頃になってようやくEVやPHEVの販売台数が徐々に伸び始める。

これ以降、HEVに軸足を置く日米とEV・PHEVに軸足を置く欧中という二極化の構造が進展すると思われたが、それも束の間で、新たな構造変化が始まる。

◉日本包囲網の形成が本格化

2014年に入ると米国市場で成長を続けてきたHEVの販売台数が減少に転じ、代わりにテスラや日産のEVが売れ行きを伸ばす。一方で、中国や欧州では2015〜2016年にかけてEVやPHEVの導入が急激に拡大し、電動車市場でのプレゼンスを高めた。米国も、中国や欧州のようなEVやPHEVに軸足を置くパワートレインミックスへとシフトを始めている。先進国で日本とそれ以外という勢力図が形成される中、ASEAN／インドでもEVシフトに向けた動きが始まる。ASEANでは、電動化が産業振興策の1つとして位置づけられ、中国系や欧州系が積極的に市場参入している。インドでは、世界最悪の大気汚染国のレッテルを剥がすべく、政府の関係機関からEVシフト宣言が発表された。

このように日本を除く海外の国々では、政府主導でEVシフトに向けた動きが活発化してきており、電動車市場における本格的な日本包囲網の形成が始まっている。

中国――政府の指導力でEV産業の発展を狙う

◉すでに二輪車では電動化を実現

中国は、二輪車の世界では、すでに劇的なＥＶへのシフトを経験している。現在中国では、日本の公道ではほとんど見かけることのない電動二輪車が溢れるほど走っている。

中国では１９９０年代の後半から電動二輪車が登場し始め、巨大市場を形成してきた。２０１３年をピークにやや減少傾向にあるものの、依然として年間２０００万台を超える電動二輪車が販売され続けており、国内での保有台数はゆうに1億台を超えている。

中国においてなぜこれほどまでに、二輪車の電動化が進んだのか。その答えは中国ならではの政策にある。中国では、１９９０年代の後半よりオートバイの総量規制（ナンバープレート規制：新規登録禁止）が導入され、これを機に二輪車の電動化が始まった。当時、中国の都市部では、急増した自動車やオートバイによって引き起こされる大気汚染、交通事故が社会問題化しており、１９９４年の天津のオートバイ登録禁止からナンバープレート規制が始まり、現在では中国の１５０以上の都市で規制が導入されている。

その他、電動二輪車はユーザーから見てお手軽であることも、導入を後押ししてきた。中国では電動二輪車が自転車と同等に見なされており、運転免許の取得は必要なく、道路交通法などの教習も存在しない。また、電動バイクの所有は購入時の登録番号のみで、税金や自賠責もない。

価格はデザインや機能によって差があるが、１５００〜５０００元で販売されている。最高スピードもモデルによって異なるが、25〜60㎞／ｈである。航続距離は、使い方や季節により異なるが、フル充電で20〜40㎞走行できる。

単純比較はすべきではないが、電動二輪車の事例を踏まえると、中国は四輪車でも将来的にドラスティックなＥＶシフトを実現する可能性を十分に秘めていると言えよう。

◉補助金政策により立ち上がるＮＥＶ市場

中国では、二輪車に引き続き、四輪車でも２００９年頃から、国家としての電動化戦略の検討を始めている。

具体的には、中国政府は２００９年から２０１２年にかけて、「十城千両」プロジェクトを実施している。「十城千両」プロジェクトとは、中国の科学技術部、財政部、国家発展改革委員会、工業情報化部が発動したプロジェクトで、大中型都市の公共交通機関、タクシー、政府機関の公用車、郵政などの分野を対象に、3年間にわたって、1都市当たり1000台のエコカーを導入し、2012年に中国の自動車市場に占めるエコカーの割合を10％に増やすことを目的としたものである。

「十城千両」プロジェクトの結果、省エネルギー車のコア技術であるHEV技術について、中国系自動車メーカーの完成度が外資系自動車メーカーに比べ高くないことがわかった。一方で、NEV（新エネルギー車）については、外資系自動車メーカーは価格面も含めてさほど競争力があるわけではなく、コア技術となるLIBに関しても中国系と外資系のギャップが、HEV技術ほどないことがわかった。中国政府はこの結果を踏まえ、「十城千両」プロジェクト以降は、NEVを電動車戦略の中核に位置づけるようになった。

このような中、中国政府は、2011年に発表されたエコカー産業発展計画で、NEVの導入台数を2015年までに50万台、2020年までに500万台とする極めて挑戦的な目標を掲げた。

2013年には目標達成に向けた打ち手として、大胆な補助金政策と大都市圏での新車登録規制を導入し、NEV市場が急速に立ち上がった。これにより、2015年の新エネルギー車導入目標（50万台）も何とか達成した。

中国でのNEV市場の立ち上がりにおいて、補助金政策と新車登録規制が果たした役割は極めて大きい。

補助金に関しては、大型都市や中型都市では、中央政府だけでなく地方政府からも補助金が支給されるため、地域によっては、合計で１台当たり最大約11万元（日本円で約２００万円）という多額の補助金が支給された。

また、新車登録規制に関しては、ＮＥＶを購入すると、ナンバープレートが無料で支給される。従来車を購入すると、ナンバープレートをオークションで取得することになる。都市毎に料金が異なるが、最も高い北京では10万元前後、上海でも８万元前後と高いため、非常にインパクトが大きい。

中国汽車協会の発表データによると、２０１７年１～11月の中国におけるＥＶ販売台数（乗用車のみ）は約38万台だったが、新車登録規制を実施している上海や北京などの６大都市が全体の約７割を占めている。このことからも、中国のＮＥＶ政策に、大きな役割を果たしていることがわかる。

◉中国市場の２０２０年問題と次世代の市場牽引役となるＮＥＶ規制

しかし、中国ＮＥＶ市場を牽引する補助金政策は、２０２０年末をもって終了することが予定されているため、中国では２０２１年以降、ＮＥＶ市場が縮小に転じるのではないか、バブルが弾けるのではないかと懸念する関係者も多い。これは中国市場の２０２０年

図表 2-2 「NEV クレジット」の計算方法

NEVクレジット要求水準

対象	2019年	2020年	2021年～
年間生産・輸入台数3万台以上	10%	12%	未定

NEVクレジット計算基準

車種	EV走行可能距離要件	ポイント計算式	ボーナス／オーナス率
EV	100km以上	[0.012×EV走行可能距離＋0.8]（pt）	電費が一定以上であれば1.2を乗じ一定以下であれば0.5を乗じる
PHV（EREV含）	50km以上	2（pt）	電費（あるいは燃費）が一定以下であれば0.5を乗じる
FCV	300km以上	[0.16×燃料電池システムの定格出力（kW）]（pt）	「燃料電池システムの定格出力が、10kW未満あるいは駆動用モーター定格出力の30％未満」であれば、0.5を乗じる

（※）いずれの場合でも、1台当たりのクレジットは5ptが上限
出典：各種報道情報を基に野村総合研究所作成

問題とも呼ばれている。

補助金政策に代わってNEV市場を牽引する可能性がある政策として、NEV規制が注目される。NEV規制は、各乗用車メーカーに新エネルギー車の導入を義務づける政策で、2019年には従来車の生産・輸入台数の10％分、2020年には12％分の「NEVクレジット」を稼ぐことを義務づけている。「NEVクレジット」とはNEVの販売により得られるクレジットのことで、計算方法は図表2-2のように定められている。

NEV規制は、現状では2019年、2020年の2年分が決まっ

ているが、2021年以降も継続されれば、補助金に代わってNEV市場を大きく牽引していくことが予想される。

　また、NEV規制と並んで燃費規制も、2021年以降、EVシフトを大きく牽引していくだろう。中国では、排ガス規制の強化で後れを取る一方で、燃費規制は今後、厳格化が一段と進み、2020年には日本とほぼ同じ水準の5ℓ／100㎞にまで燃費基準が引き下げられる。さらに、2025年には4ℓ／100㎞という挑戦的な目標を掲げている。

　燃費規制では、新エネルギー車導入促進の方針に基づき、NEVを数多く生産、販売した企業には、平均燃費を計算する際に優遇する措置が採られており、燃費規制の厳格化は、EVシフトを大きく加速するものと予想される。

　中国では、NEVの普及を拡大するために、これまで自動車メーカーに課したNEV規制や燃費規制、ユーザーに課した新車登録規制に加えて、ガソリン車に対し環境関連の税金を課すことも検討されている。さらに、欧州と同様に、動力源としてエンジンのみを搭載する車の販売を締め出したいと考えており、どのタイミングから規制として実施するかの検討が既に始まっている。

◉NEVシフトで狙う技術の下克上

中国政府は、NEVには、外資系自動車メーカーとの競争において、中国系自動車メーカーが逆転できる機会が存在すると考えており、外資系自動車メーカーの技術力に追いつき、追い越すための逆転シナリオを描いている。

自国産業育成の観点では、2015年頃に「中国製造2025」という中長期戦略を発表している。この戦略は、自国産業振興による輸入代替に加えて、工業化と情報化の融合を掲げた製造業のサービス化、ビッグデータを活用した新サービスの創出や価値形成の推進を志向しており、「中国版インダストリー4・0」とも呼ばれている。

「中国製造2025」ではNEV産業に関して、様々な数値目標を設定している。たとえば、NEVの販売台数に関しては、2020年に市場全体の5%、2025年には20%とする目標を掲げている。また、2025年には自主ブランドのNEVの目標販売台数を300万台としている。自主ブランドとは、外資系自動車メーカーと合弁を組む中国系自動車メーカーが、合弁会社のブランドとは別に独自で立ち上げたブランドを意味する。これらの目標を達成するため、NEVのコア部品（電池セルなど）やコア部材（パワーモジュールなど）のレベルまで細かく目標を設定している。さらに、性能や部品の現地調達率に関しても、具体的な目標値を設定し、実力の高い地場系企業を支援していく方針である。

この戦略を具現化していくために、国務院は実験都市の選定を行っており、2017年

8月の時点では、12都市、４つの都市群（複数の都市を１つの単位として、選定されている）を選定している。たとえば、実験都市の第1号である浙江省の寧波市は、石油化学、エネルギー、自動車製造、アパレル、家電の５本柱となる産業のレベルアップ、および、ハイエンド工作機械、新素材、次世代情報技術の３つの新興産業の育成を行う方針を打ち出しており、これらの重点分野に関する振興策を制定している。

また、良質のＥＶを作るために、技術・ノウハウの導入を進めるべく、外資系企業や異業種企業による新エネルギー車市場への参入を奨励している。

外資系企業による参入に関しては、ＮＥＶ、特にＥＶについては、数十年に亘って続けられてきた自動車市場の外資独資参入の制限が緩和される方向に動いている。２０１７年6月には、国家発展改革委員会と工業情報化部が、ＥＶにおける制限を免除し、外資企業1社が中国国内で2社以上の合弁会社を設立することを許可した。これを受けて、同月にはＶＷがＪＡＣ（安徽江淮汽車）とのＥＶの合弁会社設立を表明した。さらに、同年８月にはフォードも、衆泰汽車とのＥＶ合弁会社の設立を表明している。

異業種企業による参入に関し、代表的な企業としては、ＩＴ企業のＮＥＸＴ ＥＶが挙げられる。同社の開発では、既存の大手自動車メーカーやTier1から多数のエンジニアがスカウトされている。また、生産は、ＪＡＣや長安汽車など、既存の自動車メーカーの工場を活用しており、初期投資が抑えられている。

ＩＴ企業は、ＥＶそのものを売って儲けるという従来型のビジネスモデルではなく、ＥＶを売った後、どのように儲けるか、あるいは、ＥＶを圧倒的な低価格で売っても、ＥＶが使用されている間に収益を確保できるような革新的なビジネスモデルを企てている。

◉中国とドイツの共同覇権構想

ドイツのメルケル首相は２００５年11月に就任以来、10年余りで9回も中国を訪問しており、中国とドイツは蜜月の関係にあると言われている。ちなみに、メルケル首相が日本を訪れたのはわずか3回で、いずれもサミット絡みの訪問である。

ドイツはこの10年間で、中国との貿易を大きく拡大し、成長の柱としてきた。中国は市場としても生産拠点としても魅力に溢れており、ドイツと中国は密接なパートナーとしてビジネスを行ってきた。

また、２０１５年に中国で発表された「中国製造２０２５」は、中国の製造業を総合的に発展させるための計画であるが、ドイツの「インダストリー４・０」と共通する部分が非常に多く、「中国版のインダストリー４・０」とも言われている。なお、この計画は3段階に分かれており、第１段階は２０２５年までに日本または米国のような製造強国に仲間入りすること、第2段階は２０３５年までに世界の製造強国の中級レベルに達成すること、最後の第3段階は新中国建国１００周年である２０４９年までに、トップクラスの製造先進国になることを狙っている。

最近では、2017年6月にメルケル首相と李克強首相が会談を行った際に、ドイツがEVの生産拡大に向けて提案した割当制度を巡って、中国に歩み寄るよう促したと報じられている。

中国とドイツは、将来を見据えたパワートレイン戦略も類似しており、EVやPHEVを、今後、積極的に導入する方針を掲げている。両国は、蜜月の関係が囁かれる中、環境対応車でも共同覇権を狙うべく、お互いの強みを活かした分業体制についても協議していると推察される。

欧州――ディーゼル車からPHEV・EVへの大転換を目指す

◉EUが描く電動車ロードマップ

欧州のCO_2規制は世界でも最も厳しく、2021年の基準値（95g／km）は2015年の基準値と比べて約30％のCO_2排出削減を求めている（2020年における米国〈乗用車〉、日本、中国の基準値は、113g／km、114g／km、116g／kmとほぼ同等）。このような中、EUでは、乗用車パワートレインの未来図として、PHEVを経て、いずれはEVにシフトするという絵を描いていると推察される。

たとえば、EUが定めるCO_2規制では、EVやPHEVはCO_2排出量の計算で優遇される措置が採られており、自動車メーカー各社はEVやPHEVの導入に力を入れるほど、CO_2規制を達成しやすくなる。具体的には、燃料消費量削減係数やスーパークレジットといった優遇措置が導入されている。

図表2-3　PHEVのCO_2排出量の計算式

M＝（D1×M1＋D2×M2）／（D1＋D2）

ここで
M＝PHEVの1km走行当たりのCO_2排出量［g/km］
M1＝充電電力走行（ChargeDepleting、CD走行）時の1km当たりのCO_2排出量［g/km］、規定では充電する電力のCO_2排出量はゼロとしているため、M1＝0
M2＝充電電力使用後のハイブリッド走行（ChargeSustaining、CS走行）時の1km走行当たりのCO_2排出量［g/km］
D1＝Annex9規定の手順による充電電力走行（ChargeDepleting、CD走行）の距離
D2＝再充電までに燃料で走行する距離（規定により25km固定であり、Dav＝25）

出典：ECE R101 rev 3を基に野村総合研究所作成

燃料消費量削減係数はＰＨＥＶを対象とした措置で、ＥＶ走行がない状態でのＣＯ$_2$排出量を、燃料消費量削減係数で割った値にすることができる。たとえば、ＥＶ走行がない状態のＣＯ$_2$排出量が１００・０ｇ／kmで、燃料消費量削減係数が２・０だった場合は、１００・０÷２・０でＣＯ$_2$排出量が50ｇ／kmに削減される（図表2-3）。

また、スーパークレジットは、ＥＶやＥＶ走行が50km以上のＰＨＥＶを対象とした措置で、これらの車両に関しては、ＣＡＦＥ（企業平均燃費）を計算する場合に、１台を複数台としてカウントすることができる。

なお、２０１５年に起きたＶＷによるディーゼル車不正問題は、欧州における

ＰＨＥＶやＥＶへのシフトをより強固なものにしている。

ＶＷは、不正問題が起きたわずか１カ月後には電動化に舵を切る戦略を発表し、世間を驚かせている。そして他の欧州自動車メーカーも、ＶＷの戦略転換の発表を受けるかのように、電動化への注力度を引き上げる発表を行っている。

◉従来車の全廃宣言とその実現性

欧州では２０１６年以降、ドイツやフランス、イギリスといった、大国による脱従来車の動きが加速している。

ドイツでは２０１６年10月に、連邦参議院において、２０３０年までに内燃機関を搭載した新車の販売禁止を求める決議が可決された。フランスでは２０１７年7月に、ユロ・エコロジー相（環境連帯移行大臣）が、２０４０年までに国内でのガソリン車、ディーゼル車の販売を禁止する方針を発表した。イギリスもフランスの後を追うように同年同月、２０４０年までにガソリン車、ディーゼル車の販売を禁止する方針を発表した。

これらの発表は世界に大きな驚きを与えたが、国ごとに様々な思惑があり、また実現に向けても数々の高いハードルが待ち構えている。

ドイツの場合、決議採択は、直ちに法的効果を有するわけではなく、また今回の議決は与野党の「ねじれ」から生じたサプライズと言われている。政府内でも意見が統一されていない。自動車大国としてトップの座を維持するためにも拘束力のある目標を導入すべきという意見と、現実的でないから導入すべきでないという意見の2つに分かれている。

フランスは裏の狙いとして、マクロン大統領（フランス）の国際的な発言力の強化が指摘される。また、パリ協定離脱を宣言した米トランプ大統領がはじめて出席するG20とフランス訪問の直前という絶妙のタイミングでもあった。

イギリスは、健康被害が懸念される大気汚染の改善と、２０５０年までに温室効果ガスの排出量を１９９０年比で8割削減する自らの目標達成の２つが政府の狙いとされている。しかし、一方で、古い原子力発電所が寿命を迎え、石炭火力発電所が２０２５年までに漸次停止されるため、電力不足を防ぐためには、巨額の資金を投じ、新たな発電所、電力供給ネットワーク、充電ステーションなどの整備が必要な状況にあり、現実的な目標とは言いがたい。

このように各国の思惑や置かれた状況を見る限り、従来車の全廃に向けた具体的な行程表があるとは考えにくく、その実現性については疑問の余地がある。特にフランスやイギリスに関しては、政権の支持基盤が弱いと言われており、国民受けする政策により、支持率の回復を狙ったのではないかという意見も聞かれる。

◉EVシフトで先行するノルウェーの「ならでは」の理由

欧州では、ノルウェーがEVの導入で他国に先行している。ノルウェーの調査会社OFVの2017年1月の発表によると、乗用車販売台数に占めるEV、PHEVの割合が約4割に達している（EVが17・5％、PHEVが20％）。

ノルウェーでEVシフトが先行的に進んだ理由を紐解くと、同国の場合は、EVが導入される以前からユーザーが充電を行う習慣があったこと、電力のほとんどが水力発電で賄われていること、EVユーザーに対する優遇策が複合的に導入されていることの3つが、EVシフトに大きな影響を与えている。

まず、ノルウェーでは各家庭の駐車場、公共駐車場にはだいたい230Vの電源が設置されている。なぜならば、ノルウェーは非常に寒いため、エンジン停止中の冷却水の凍結を防ぎ、始動を容易にする目的で、従来車にブロックヒーターと呼ばれる電熱器が付いており、車庫にはその電源コンセントが付いている。ユーザーは、ブロックヒーターに付いたコードをコンセントにつなぐことで、予熱を行っているのである。

また、ノルウェーは電力を100％自給でき、かつ、その約95％は水力という特殊な環境下にある。ノルウェーでは、真冬は水力発電を利用できないため、夏場に過剰電力で水素を作り、加圧／備蓄したものを利用している。ドイツのように、発電における化石燃料への依存度が高く、EVの増加が必ずしもCO_2削減につながらない国とは全く状況が異なっている。

さらにノルウェー政府は、フランスやイギリスより15年も早い2025年に、国内で販売される新車の100%をゼロエミッション車とする目標を掲げており、EVユーザーを対象に、補助金をはじめとする様々な優遇策を導入している。中でも、EVユーザーにバスレーンを開放したことにより、EVの売上が飛躍的に伸びたと言われている。ノルウェーでも、都市部の道路では、渋滞が問題になっている。

このように、ノルウェーでEVシフトが先行的に進んだ背景を紐解くと、他の欧州の国々では見られない、ノルウェーならではの要素が絡んでいるのである。

◉電池セル生産体制の脆弱さが欧州のアキレス腱

欧州では、自動車メーカーが環境規制対策として電動化に舵を切る一方で、LIB（リチウムイオン電池）の生産、特に電池パックを構成するセルの生産力が米国やアジアと比べて弱く、EVシフトを進める上でのアキレス腱となっている。

電池の生産は、中国、韓国、日本勢がリードしており、欧州自動車メーカーはセル調達をアジアからの輸入に頼らざるを得ない状況にある。そのため、電動化を強化すればするほど、アジアへの依存度の向上につながるというジレンマに陥っている。

このような懸念がある中、2017年10月に、ブリュッセルで電池システムの生産、研究開発を目的としたコンソーシアムの形成が協議された。会議には、ルノーやダイムラー、ＶＷ、コンチネンタルなどの自動車メーカーや Tier1 に加え、Saft やＢＡＳＦ、シーメンス、Umicore などの電池／同部材メーカーが参加したと伝えられている。

ＥＵはこのコンソーシアムに、最大で22億ユーロを拠出し支援する意向を表明している。かつて、航空機産業では、米ボーイング社に対抗するため、欧州企業の共同出資により、エアバス社を設立した経緯があり、今回の取り組みは「電池産業のエアバス社」設立を目指したものとも言える。

電池セルの生産体制の強化に向けて、ようやく動き出した欧州だが、後発ということもあり、グローバル展開によりボリューム効果を追求するところで、厚い壁が立ちはだかっている。日米は、既に日系や韓国系により押さえられている。また中国も、既に外資系セルメーカーの締め出しを行っており、当面は電池セルの供給先としての期待が低い。

欧州系自動車メーカーも、将来的には、お家芸とも言える仲間作りのスキルを活かして、車載用ＬＩＢの標準化を進めていくなど、業界内でのイニシアチブ確保に向けた動きを活発化させてくることが予想される。

米国――EVシフトとガソリン車回帰で二極化する

◉カリフォルニア州ZEV規制がEVシフトを牽引

カリフォルニア州は、米国の中でも自動車の保有台数が多く、地形的な特徴も重なり大気汚染が深刻な問題となっていた。そのため、１９９０年代から州独自でＺＥＶ（Zero Emission Vehicle）規制の導入を検討してきた。

ＺＥＶ規制では各社に必要クレジットが割り当てられ、ＥＶやＰＨＥＶを販売することで稼いだクレジットが割り当てを下回った場合は、米国カリフォルニア州大気資源局（ＣＡＲＢ：California Air Resources Board）に罰金を支払うか、クレジットを多く保有する他メーカーからクレジットを購入して達成しなければならない。

２０１７年現在では、カリフォルニア州で年間６万台以上販売する、日産、トヨタ、ホンダ、ＦＣＡ、フォード、ＧＭの６社がＺＥＶ規制の対象となっているが、２０１８年か

図表 2-4　ZEV 規制による導入義務づけ台数の割合

（%）

年	ZEV（EV/FCEV）	TZEV（PHEV）	AT PZEV（HEV）	PZEV（低燃費内燃機関車）	合計
2012	0.8	2.2	3.0	6.0	12.0
2013	0.8	2.2	3.0	6.0	12.0
2014	0.8	2.2	3.0	6.0	12.0
2015	3.0	3.0	2.0	6.0	14.0
2016	3.0	3.0	2.0	6.0	14.0
2017	3.0	3.0	2.0	6.0	14.0
2018	2.0	2.5	—	—	4.5
2019	4.0	3.0	—	—	7.0
2020	6.0	3.5	—	—	9.5
2021	8.0	4.0	—	—	12.0
2022	10.0	4.5	—	—	14.5
2023	12.0	5.0	—	—	17.0
2024	14.0	5.5	—	—	19.5
2025	16.0	6.0	—	—	22.0

出典：カリフォルニア州大気資源局

らは対象が年間2万台以上に引き下げられ、ＢＭＷ、ダイムラー、現代、起亜、マツダ、ＶＷが同6社に加わるためＥＶシフトの促進要因となる。

また、２０１８年からは、ＺＥＶの対象となるパワートレインが「ＥＶ」「ＦＣＥＶ（燃料電池車）」「ＰＨＥＶ」に限定され、ＨＥＶが対象から外れる。これまでＥＶ／ＰＨＥＶよりＨＥＶに軸足を置いてきた日系メーカーにとっては逆風となる法改正が行われるため、日系メーカーは苦戦を強いられることになる。

現在、米国ではカリフォル

ニア州以外に、メーン、バーモント、マサチューセッツ、ロードアイランド、コネティカット、ニューヨーク、ニュージャージー、メリーランド、オレゴンの9州がZEV規制への参加を表明している。これら10州で販売される乗用車は約500万台にもなり、仮に2025年も同数の乗用車が販売されるとした場合、PHEVを最大限導入するとしても、50万台を超えるZEVの導入が求められる。

ZEV規制を達成できない場合、そのメーカーは他社からクレジットを購入するか、罰金を払わなければならず、EVやPHEV、FCEVを導入する強いインセンティブとなっている。その意味で、ZEV規制による導入義務づけ台数（図表2－4）が、今後の米国EV市場のベースを形成すると言える。

◉プレミアム市場を狙うEVベンチャー

米国ではEVベンチャーのテスラが、2003年の創業以来、ロードスター、モデルS、モデルX、モデル3と次々と新たなEVを世に送り出してきた。同社は、今では、EVに限れば、大手の自動車メーカーと伍す存在にまで成長した。

テスラ以外にも、ファラデーフューチャー、NEXT EV、ルシード・モータース、カルマオートモーティブなど、数多くのEVベンチャーが米国を拠点に起業されている。

ファラデーフューチャーは、中国の大手メディア企業「LeEco」の支援を受けるEVベンチャーで、ロサンゼルスに拠点を構えている。同社が2017年に発表した「FF91」は、1時間の充電で約800kmの走行が可能とも言われており、注目されている。

NEXT EVも中国資本のEVベンチャーで、上海とカリフォルニアのシリコンバレーに拠点を構えている。同社は、元欧州フォード社長のマーティン・リーチが立ち上げており、BMWやテスラ、シスコシステムズで要職にあった社員を雇い入れている。

ルシード・モータースは、2007年にテスラのヴァイスプレジデントを務めていたピーター・ローリンソンにより設立されたEVベンチャーで、ファラデーフューチャーに投資する「LeEco」も株主に名を連ねている。

カルマオートモーティブは、2007年に米国カルフォルニア州のアナハイムで創業したフィスカー・オートモーティブを前身とするEVベンチャーで、同社が経営破綻した後、中国の万向集団により買収され、2015年に設立された。

米国で跋扈《ばっこ》するEVベンチャーは、そのほとんどが富裕層をターゲットにプレミアムEVの開発を行っている。また、資金面で中国企業のサポートを受けている企業が少なくない。

現在のところ、市販レベルに至っているのはテスラのみだが、ファラデーフューチャーは2018年、ルシード・モータースは2019年に市販化する旨を発表している。今後も、米国に拠点を構えるEVベンチャーが、世界のプレミアムEV市場を牽引していくと

図表 2-5　原油価格の推移

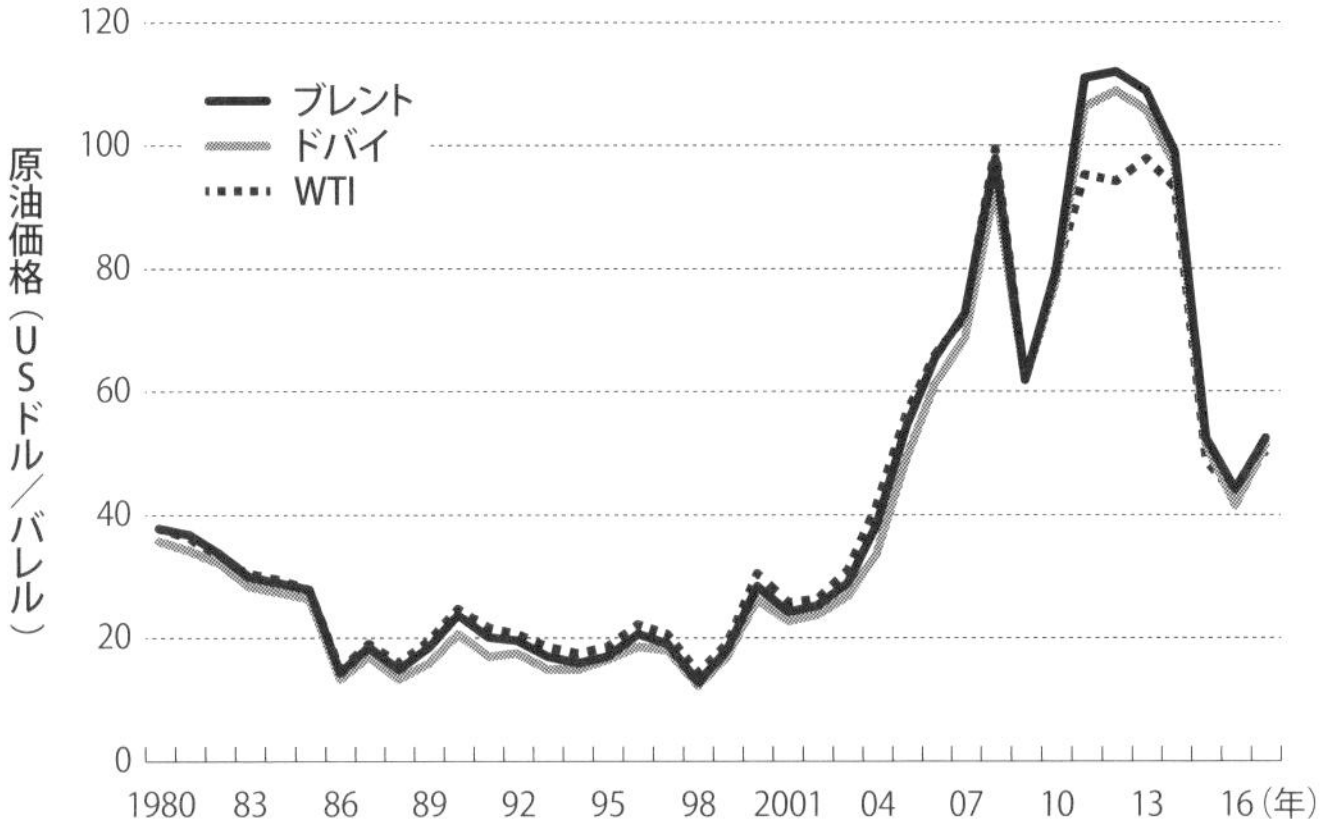

（※）年間の平均価格。2017年は1〜6月の平均価格
出典：IMF Primary Commodity Pricesを基に野村総合研究所作成

予想される。

◉原油価格の下落により懸念されるHEV離れ

欧州や中国での景気後退や米国でのシェール革命を機に、原油の需給バランスが緩和され、原油価格が下落した。具体的には、２０１４〜２０１５年にかけて原油価格が急落し、２０１５年以降は安値で推移している（図表2-5）。

２０１７年に入ってからは１バレルの価格が50ドルを超え、底値を打ったとの見方もあるが、２０１４年以前の水準に比べるとまだ低位にあり、原油安の状況が続いている。また、原油相場の下落に伴い、ガソリン価格も安値の状態が続いている。
米国でもガソリン価格が高いと燃費の良いＨＥＶが売れるので、ガソリン価格とＨＥＶ市場の間には相関がある。そのため、原油価格が中長期的に安値の状態が続けば、かつてガソリン車からＨＥＶに乗り換えたユーザーも、買い替え時にガソリン車に回帰することが予想される。

既にその動きは始まっている。米国では、原油価格の下落に加え、緩やかな景気回復も追い風となり、ＳＵＶやピックアップトラックといったライトトラックの売れ行きが伸びている。具体的には、２０１２年までは乗用車の販売台数がライトトラックを上回っていたが、13年に逆転し、それ以降はライトトラックの販売台数が大きく伸びてきているのである。

◉米国ファーストの風で進む環境政策の二極化

米国では、オバマ政権の時代（２０１２年）に燃費規制が改定され、２０２５年までの燃費基準が発表された。２０２１年以降はかなり厳格化される内容で、２０２５年には乗用車とライトトラック（ＳＵＶ／ミニバン／ピックアップトラック）に、平均54・５マイル／ガロン（約23・２㎞／ℓ）の燃費規制が課される。２０１７年の基準値は、平均36・６マイル／ガロンであり、同年比で50％近い改善が求められる。なお、２０２５年までの米国の現行規制のうち２０２２年以降は未確定値であり、現在はレビュー期間となっている。トランプ政権の誕生を機に、自動車業界からの規制緩和を求める動きが活発になった。２０１７年3月には、トランプ大統領がオバマ前大統領時代に決まった自動車の燃費基準を見直すと表明し、「米自動車産業への攻撃は終わった」と述べたことから、２０２２年以降の基準値に関しては、見直される可能性が高い。

とはいえ、米国の基準が撤回されれば中国や欧州など、より規制の厳しい地域への自動車輸出が難しくなるため、達成時期を数年遅らせる程度にとどまるとの見方が大勢を占めている。また、ＺＥＶ規制の採用を表明する10州は、前政権が決めた基準を堅持する方針である。なお、同10州で全米の自動車販売台数の約3割を占めている。

大統領選挙の時から国内の二極化が指摘されていた米国だが、環境政策への対応も、今後、カリフォルニア州が実施するＺＥＶ規制を採用する州とそうでない州（連邦が実施する燃費規制のみの州）でＥＶシフトの度合いが二極化すると予想される。

日本——ガラパゴス化が進む

◉HEVを軸とする電動化が進展

日本の電動車市場では、HEVが圧倒的なプレゼンスを誇っている。この背景としては、日系乗用車メーカーの大手であるトヨタ、ホンダがHEVを軸とした電動車戦略を展開してきたことが大きく影響している。

日本ではトヨタが、「21世紀に間に合いました」をキャッチフレーズに、1997年に市販車としては世界初のHEVとなる「プリウス」を投入し、2020年までに全車種のHEV展開を目標としている。2015年8月には、トヨタからHEVの世界販売台数が800万台を超えたと発表されたが、そのうち約半数（約389万台）は日本で販売されている。トヨタと同じく、ホンダも電動車はHEVに重点を置いている。ホンダは、1999年に同社初の市販車HEVである「インサイト」を投入しており、現在では

「フィット」と「ヴェゼル」が同社ＨＥＶの売れ筋となっている。また、２０１７年には同社の全登録車のモデル数に占めるＨＥＶ比率が50％を超えている。

国内におけるＨＥＶの販売台数推移を見ると、２００８～２００９年にかけて約11万台から約35万台へと大きな伸びを示している。

２００９年はトヨタからは３代目プリウス、ホンダからはインサイトの復活版が発売された年で、激しい価格競争により両車の価格が２００万円前後にまで引き下げられた。当時は戦略上のミスを指摘する向きもあったが、これを機に、国内でのＨＥＶ導入が一気に拡大し、その後の市場の成長につながったとも言える。

◉走行環境や税制優遇など、日本ならではの事情がＨＥＶシフトを促進

日本でＨＥＶシフトが先行的に進んだ理由は、１つは先に述べた通り、日系自動車メーカーがＨＥＶに軸を置いた電動化を進めてきたからだが、それ以外にも、走行環境や税制優遇など幾つかの要素が、ＨＥＶの導入に寄与してきた。

走行環境に関しては、日本は信号が多く、渋滞も頻発するため、ストップ＆ゴーが多く、燃費低減においてＨＥＶが有利となっている。一方、欧米では一部の都市圏を除くと、慢性的な渋滞が少なく、高速道路の制限速度も日本より高いため、ＨＥＶの強みを活かすことが難しい。

平成29年5月1日～平成30年4月30日

特例措置の内容							
非課税							
免税							
免税							
平成27年度燃費基準			平成32年度燃費基準				
達成	＋5%	＋10%	達成	＋10%	＋20%	＋30%	＋40%
		20%軽減		40%軽減	60%軽減	非課税	
	本則税率	25%軽減		50%軽減	75%軽減	免税	
							免税

	特例措置の内容
	概ね75%軽減
燃費性能	
平成32年度燃費基準＋30%達成	概ね75%軽減
平成32年度燃費基準＋10%達成	概ね50%軽減
	概ね75%軽減

図表 2–6　エコカー減税／グリーン化特例

●エコカー減税　平成29年度　取得税：平成29年4月1日～平成30年3月31日／重量税：

<table>
<tr><th colspan="2">対象・要件等</th><th colspan="2">税目</th></tr>
<tr><td colspan="2" rowspan="3">・電気自動車
・燃料電池自動車
・天然ガス自動車
（平成21年排ガス規制NO_X10%以上低減又は平成30年排ガス規制適合）
・プラグインハイブリッド自動車
・クリーンディーゼル乗用車
（平成21年排ガス規制適合又は平成30年排ガス規制適合）</td><td colspan="2">取得税</td></tr>
<tr><td rowspan="2">重量税</td><td>新車新規検査</td></tr>
<tr><td>初回継続検査</td></tr>
<tr><td></td><td>燃費性能
排ガス性能</td><td colspan="2"></td></tr>
<tr><td rowspan="3">ガソリン車・LPG車
（ハイブリッド車を含む）</td><td rowspan="3">平成17年排ガス規制75%低減
又は
平成30年排ガス規制50%低減</td><td colspan="2">取得税</td></tr>
<tr><td rowspan="2">重量税</td><td>新車新規検査</td></tr>
<tr><td>初回継続検査</td></tr>
</table>

●グリーン特例

<table>
<tr><th colspan="3">対象・要件等</th></tr>
<tr><td rowspan="3">乗用車</td><td colspan="2">・電気自動車
・燃料電池自動車
・天然ガス自動車
（平成21年排ガス規制NO_X10%以上低減又は平成30年排ガス規制適合）
・プラグインハイブリッド自動車
・クリーンディーゼル乗用車
（平成21年排ガス規制適合又は平成30年排ガス規制適合）</td></tr>
<tr><td rowspan="2">ガソリン車・LPG車
（ハイブリッド車を含む）</td><td>排ガス性能</td></tr>
<tr><td>平成17年排ガス規制75%低減
又は
平成30年排ガス規制50%低減</td></tr>
<tr><td>重量車等
（バス・トラック）</td><td colspan="2">・電気自動車
・燃料電池自動車
・天然ガス自動車
（平成21年排ガス規制NO_X10%以上低減又は平成30年排ガス規制適合）
・プラグインハイブリッド自動車</td></tr>
</table>

出典：国土交通省HPを基に野村総合研究所作成

また、税制優遇に関しては、エコカー補助金やエコカー減税などの優遇策が、ＨＥＶの導入に影響を与えてきた。

エコカー補助金は、車齢13年以上の車を廃車にして新車のエコカーにすれば、登録者購入の場合25万円、軽自動車でも半額の12万５０００円が補助金として交付される制度で、２００９年の導入時には、ＨＥＶへの買い替えにも大きく影響したと言われている。

エコカー減税では、購入時の取得税と最初の車検時にかかる重量税を対象に、軽減措置が導入されている。また、エコカー減税に連動して、地方税である自動車税もグリーン化特例という軽減措置が導入されている。グリーン化特例に関しては、プリウスのように燃費性能が高いＨＥＶは、ＰＨＥＶやＥＶ、ＦＣＥＶと同等の軽減措置が適用されており、ＨＥＶに有利な内容となっている（図表2−6）。

このように、国内でＨＥＶの普及が進んだ背景には、日本ならではの要素が大きく関わっていたのである。

◉市場原理のエコカー導入の是非

米・欧・中政府は電動車の中でもＥＶやＰＨＥＶを優遇し普及促進をしている。欧州や中国では、政府が次世代のターゲット・パワートレインを、明確に電動車、それもＥＶやＰＨＥＶに絞り込んでおり、法規制や各種優遇策も、基本的にはＰＨＥＶやＥＶを対象としたものになっている。欧州ではCO_2規制の実施に当たって、特にPHEVを対象とした軽減措置を複合的に導入している。中国でも、新エネルギー車の導入を進めるために、NEV規制を導入している。米国はZEV規制を導入している。

一方で、日本政府は特定技術を優遇せず、あくまで性能達成に対する優遇・規制を行う方針を貫いている。日本はエコカー戦略という言い方が示す通り、環境負荷の軽減につながれば、HEVはもちろん、ガソリン車も対象としている。先に述べたエコカー減税やグリーン化特例では、すべてのパワートレインが対象となっている。

日本の方針は最もコストパフォーマンスの良い技術が導入される「市場原理」に基づくものなので、HEVが普及するのも道理である。しかし周囲の政府がEVやPHEVを資金面でバックアップする中で、日本はバックアップしないことになるため、日本市場を基盤としている日系自動車メーカーのEV・PHEVにおける競争力が相対的に低下する恐れがある。

◉独自の進化を続ける日本の電動車市場

国内の電動車市場では、約1年前から日産のノート e-POWER の売れ行きが好調である。ノート e-POWER はノートをベースにしたシリーズHEVで、約140万円という価格の安さや燃費の良さ（37・2㎞／ℓ）に加え、アクセルペダルのオンオフだけで加速・減速・

停止する新感覚がユーザーからの高評価につながっている。

一般社団法人日本自動車販売協会連合会によると、ノートe-POWERは２０１６年11月に発売されたが、爆発的な売れ行きを示し、２０１６年の11月には、月次の国内販売台数で長らく首位の座にあったプリウスからその座を奪った。また、２０１７年上半期（１～６月）で見てもプリウス（９万１２４６台）に次ぐ台数（８万４２１１台）を販売している。

このように国内での販売で大ヒットを記録したノートe-POWERだが、海外での拡販には、大きな課題が存在する。ノートe-POWERは、１２０～１３０㎞／hを上限としており、ドイツのアウトバーンに代表されるような超高速域での対応に弱い。日本の走行環境下でしか強みを発揮できず、海外では成功を収められない可能性が指摘される。

ノートe-POWER以外に国内外で温度差が生じている事例として、燃料電池車が挙げられる。国内では、２０２０年東京オリンピック・パラリンピックに向け、官民挙げて「水素社会実現」を目指す機運が高まっているが、欧米では一時期に比べて燃料電池の普及に向けたトーンが下がっており、水素ステーションの整備も計画通りに進んでいない。販売台数で見ても、国内では２０１６年に約１８００台の燃料電池車が販売されたが、欧米での販売台数はこれに満たない。

日本の電動車市場は、日本ならではのユーザー環境や政策を背景に、今後も独自の進化を続けていくことが予想される。

新興国——産業振興・環境対策でEV普及を狙う

◉先行者利益を狙って中国勢や欧州勢がASEANに参入

ASEANでは、中国自動車メーカーや欧州自動車メーカーが、電動車市場における先行者利益を狙って続々と参入してきている。

中国自動車メーカーはEV大国である中国での販売実績を武器に、安価なEVの市場投入を早期に進めることで、小型の従来車を代替するだけでなく、中国基準の品質、価格により参入障壁を築こうとしている。たとえば、小型EVに強みを持つ中国自動車メーカーの「Geely」は、ASEANでの販売拡大に向けた橋頭堡として、マレーシア企業のPROTONに出資している。

一方で、欧州自動車メーカーは、高品質なPHEV技術を武器にロビー団体との連携を図りながら、各国政府へのルールメイキングを積極的に進め、ハイエンドPHEV市場の攻略を狙っている。たとえば、タイでは、欧州勢によるロビー活動の結果、２０１６年にCO_2連動税制が導入されており、今後は欧州主導で、ＡＳＥＡＮの環境規制を策定する流れになる可能性がある。

また、インフラ面では、Combo、CHAdeMO、中国基準などの急速充電方法の規格が混在する中で、欧州自動車メーカーや中国自動車メーカーは自国規格のデファクト化を画策している。

これまでＡＳＥＡＮ市場は日本が主導権を握ってきたが、欧州によるロビー活動や中国自動車メーカーによる進出を背景に、日系自動車メーカーのＡＳＥＡＮへの影響力が低下する可能性が高まっている。

◉タイ、マレーシアは、産業振興の一環としてＥＶを利用

ＡＳＥＡＮの中でも、タイやマレーシアでは、電動車を成長エンジンと位置づけた産業政策が次々と導入され、市場立ち上がりの兆しが見え始めている。

タイは、先進国の動向を踏まえた産業政策が採られており、足元ではＨＥＶの売れ行きが好調である。タイ運輸省によると、２０１５年末の段階で、ＨＥＶとＰＨＥＶの登録台数は、合計で７万台規模に達する。一方で、２０１６年３月には、「電気自動車利用促進推進計画」が策定され、２０３６年までに１２０万台のＥＶ導入と約７００カ所の充電ス

テーションの整備を目標として掲げている。

タイはEV社会のビジョンを自国主導で描いていることもあり、国内での技術の蓄積を狙っている。タイ政府の一部関係者は、EVを破壊的技術と位置づけており、自国内の既存自動車産業の脅威となり得るため、その技術を手中に収めておきたいと考えている。

マレーシアは、乗用車販売台数においてタイやインドネシアに大きく水をあけられており、テクノロジーリーダーという形で、ASEANにおけるイニシアチブを握ろうとしている。

マレーシアでは、2017年に政府が、2030年までにマレーシアをEV産業のハブ拠点に成長させる計画を打ち出している。具体的には、同国におけるEVの走行台数を2030年までに10万台に引き上げ、12万5000カ所の充電ステーションを整備するとしている。

また、自国のみでは技術面を強化するのが難しい状況にあるため、欧州勢の協力を得ている。たとえば、2016年10月には、政府系企業のグリーンテック・マレーシアが、BMWの現地法人であるBMWマレーシアとEVやPHEVの充電に関する覚書を締結している。グリーンテックはEVの充電施設「ChargEV」の設置を進めており、現在95カ所ある。両社の提携では、カーナビ機能で最寄りの充電施設がわかり、充電できるBMWのサービス「ChargeNow」に「ChargEV」を対応させる。利用者は専用のカードにより、キャッシュレスで充電できる。

◉2030年EVシフト宣言を機に電動化への戦略転換を開始したインド

インドでは2017年5月に、「2030年までにガソリン車、ディーゼル車の販売を禁止し、EVのみにする」という方針が、インド政府の関係機関「NITI委員会」から発表された。「NITI委員会」は、首相が議長、州首相や連邦直轄領の副総督が運営評議会を構成する機関で、村レベルの集合体の計画の上位レベルでの策定やイノベーティブな改良、シンクタンクとの連携などを主な役割としている。

それまでは、2013年に発表された「国家電気自動車ミッション計画2020」で、2020年までにEVとHEVの年間販売台数を合計で600万〜700万台規模に拡大するとしていた。インド政府によるEVインセンティブプログラム「FAME」ではマイルドHEVが優遇されており、補助金の6割超がマイルドHEVに対し、支給されている。これまでのHEVとEVの両建てから、EVのみに方針が変わったことで、自動車メーカーのパワートレイン戦略にも大きな変化が出てきている。

たとえば、2017年11月には、スズキとトヨタが、インド市場向けEV投入に関する覚書を締結した。具体的には、インド市場向けにスズキが生産するEVに、トヨタが技術的支援を行い、その車両をトヨタに供給することに加え、充電ステーションの整備や人材育成、使用済み電池の処理体制の整備などに関して、共同で検討を行っていくことが合意された。

また、スズキは既にグジャラートの工場敷地内にLIB工場を建設することを決定しており、LIBをはじめ、モーターその他主要部品をインドにおいて調達／生産することにより、インド政府が掲げる「Make in India」をEVの分野においても実現しようとしている。

また、タタ・モーターズはインド政府から1万台のEVを受注した。連邦政府と省庁は向こう3〜4年をかけて、公用車をEVに切り替えていく。公用車は約50万台に上ると言われている。

インドでは、まだ電動車の普及がほとんど進んでいないという現状を踏まえると、2030年までに完全なEVシフトを実現するのは、かなりハードルが高く、無理があると思われるが、一方で今回の宣言が1つの潮目となり、パワートレインの電動化に拍車がかかるのは間違いないであろう。

◉四輪のみならず、二輪、三輪でも、EVシフトの機運が高揚

インドでは、都市部における大気汚染の悪化が深刻になっている。世界保健機関（WHO）のレポートによると首都ニューデリーの大気汚染は世界最悪であり、PM2・5

の数値は、インド政府が定めた許容値の約15倍、世界保健機関が安全とする推奨値の70倍に達する。

このような中、２０１７年5月のＥＶシフト宣言を追い風に、乗用車の電動化だけでなく、二輪車や三輪車でも電動化の機運が高まっている。

二輪車に関しては、インドはスクーター需要の拡大を追い風に、２０１６年には中国を追い抜き、世界最大の二輪車市場となっている。インド自動車工業会（ＳＩＡＭ）によると、２０１６年の二輪車販売台数は約１８００万台に達している。インドにおける２０１０年以降の電動二輪車の販売台数は累計50万台弱にとどまっているが、今後の成長余地は大きい。

電動化に関する具体的な動きとして、２０１６年11月には、インド最大の二輪車メーカーであるHero MotoCorpが電動二輪車のベンチャー企業であるAther Energyに３１００万ドルを投じ、同社株式の3割を取得している。また、２０１７年12月には、ヤマハ発動機が電動二輪車のインド投入に向けた予備調査を進めており、パワーユニットやＥＶ用バッテリーへの投資についても検討する準備があると報じられている。

一方で、三輪車に関しては、２０１７年11月には、インドの自動車大手マヒンドラ＆マヒンドラが、主要都市での電動三輪車（eリキシャ）の販売に注力する方針を示した。同社は、コルカタでeリキシャ「e-アルファ・ミニ」の投入を発表している。また、日本のベンチャー企業であるテラモーターズは、インド自動車調査協会（ＡＲＡＩ）から日本企業としてはじめて電動三輪車認証を取得しており、２０１６年３月にｅリキシャ「Y4ALFA（Ｙ４アルファ）」を発売している。

四輪車でも同様だが、車両価格の低減によりユーザーの初期コストをどこまで抑えられるか、充電の手間隙を軽減するために、充電ステーションの面密度向上や、充電時間の短縮をどこまで進められるかが、普及のカギを握っている。

第3章

各自動車メーカーの EVシフトへの対応

EVシフトに対して、地域別・国別に様々な思惑があり、それが政策の違いに現れていることがわかった。その政策を背景としながら、自動車メーカーはEVシフトに向けた戦略を構築している。本章では、事業展開の状況なども踏まえて、各自動車メーカーの電動化戦略をレビューしていく。

欧州系自動車メーカーのＥＶ戦略

ＥＶシフトの火付け役であるジャーマン３

ディーゼルからＥＶへの大転換を宣言したドイツ。ここをマザーマーケットとするジャーマン３はＥＶシフトの主役だ。

今回のＥＶシフトの火付け役とも言えるＶＷ。ＥＶシフトを宣言するだけでなく、来るＥＶ時代を見据えた施策にも並行して取り組むダイムラー。これまで電動車市場で先行し、着実に販売台数を伸ばしてきたＢＭＷ。

彼らの思惑と仕掛けからまずは見ていきたい。

VW（フォルクスワーゲン）グループ

◉EVシフトの火付け役

ＶＷがＥＶシフトを積極的に推進するのには、３つの要因がある。

①重点市場である中国のＮＥＶ規制強化
②ディーゼルゲート
③米国政権交代

この３つの要因が重なるタイミングでＥＶシフトを推進し、電動化市場のイニシアチブを一気に獲得することを目指している。

中国ＮＥＶ規制については第２章で説明している通りである。ＶＷは世界全体の販売台数の約4割を中国市場で販売しているため、この規制を遵守する必要がある。そのため、VWにとって、EVシフトは必然と言える。

中国NEV規制に加え、VWがEVシフトを進める決定打となったのは「ディーゼルゲート」である。2015年9月、ドイツ自動車メーカー勢にとっての祭典であるフランクフルトモーターショーの最中、VWのディーゼルエンジンの排出ガスに関する不正が、米国の行政機関により公表された。対象車両は全世界で1100万台に達し、同グループのCEOをはじめ、この件に関わった経営陣は退任に追い込まれた。VWは同年10月には今後の環境戦略の転換を決断し、ディーゼル車から電動車へのシフトを進めることを発表した。

さらに、米国での政権交代もVWをはじめとする欧州勢のEVシフトを後押しする要因になっていると見ている。米国ではトランプ大統領へと政権が交代し、今後数年間で環境政策が後退する可能性が示唆されている。VWとしては米国が環境対策について若干後傾しているこの機に一気にEVシフトを推し進め、グローバルでのイニシアチブを握りたいという狙いがあると思われる。

◉2025年までに電動車市場で世界一に

VWのEVシフトが露わになったのが、2016年6月の新中期経営計画「TOGETHER

—Strategy 2025」である。この中で、傘下のアウディやポルシェを含めた、グループ全体として2025年までに30車種の電動車を投入し、電動車の年間販売台数に対する構成比を20～25％に引き上げることを目標とした計画が発表された。さらに2017年9月には「Roadmap E」という新たな電動化戦略を発表。「2025年までに電動車市場で世界一になる」という目標に向け、グループ全体で2025年までに80車種の電動車を販売するとともに、2030年までには全車種で電動化モデルを投入することを宣言した。

中国のNEV規制対応に向けては、EVやPHEVを2025年までに現地合弁会社と合わせて20車種以上投入し、合計150万台を販売する戦略を掲げている。2017年末より発売された「e-Golf」の市場投入を皮切りに、中国での電動化を急速に進める計画である。

これら目標実現のためにVWは2030年までに電動化領域に200億ユーロ（日本円で約2兆6000億円）以上を投じるとともに、世界3極（中国・欧州・北米）でのバッテリー調達確保に向け2025年までに500億ユーロ以上を投じる計画も明らかにした。

VWではEVとPHEVモデルを投入する計画を打ち出しているが、MEB（Modular Electric Platform）の開発やバッテリー調達への投資計画から、中長期的には全面的にEVへのシフトを進めていくと推察される。MEBとはVWが次世代の電動車向けに開発している、新しい電動モジュールをベースにした電動車両専用プラットフォームである。

PHEVはあくまでEVの性能が向上し、広くユーザーに受け入れられるようになるまでの過渡的な電動車両という位置づけであり、本命はEVのようだ。

VW傘下のアウディでは2025年までに電動車を20車種以上投入し、新車の3分の1以上をBEV／PHEVにする方針を発表している。「IAA（国際モーターショー）2017」では、完全自動運転技術を統合したコンセプトモデルのEV「Elaine」と「Aicon」を披露した。「Elaine」はSUVタイプのEV、「Aicon」はスポーツクーペタイプのEVであり、アウディの描く未来を想定した次世代車両として開発が進められている。

また、同じく傘下のポルシェでもEVモデル「Mission E」を2019年末に販売することを計画しており、価格帯は8万～9万ドル程度になる見込みである。これはテスラの「モデルS」の最高性能版である「P100D」の13万5000ドルより低く抑えられており、テスラ対策を意識したものではないかと思われる。

このように、VWグループは、大衆車セグメントでVW、プレミアムセグメントでアウディ、富裕層向けの高級クラスでポルシェが、それぞれEVシフトを進めることで、グループ全体でテスラ包囲網を固めるとともに、電動車市場の世界トップ、またその先にある次世代モビリティ市場のリーダーを野心的に狙っている。

図表3-1　VWのI.D.

画像提供：フォルクスワーゲン グループ ジャパン

◉電動化のシンボルとして「I.D.」コンセプトを発表

ＶＷは、パリモーターショー２０１６で次世代ＥＶのコンセプトカー「I.D.」を発表した。「I.D.」は高出力モーターや、一度の充電で４００〜６００㎞を走行可能なバッテリーの搭載に加え、ＭＥＢプラットフォームを採用した初のクルマとなる予定である。デザインはＥＶだということが視覚的にわかるように従来のクルマとは異なる未来感のあるデザインに仕上がっている。I.D.は自動運転技術にも対応する予定であり、２０２５年頃の実装が見込まれている。I.D.の量産モデルは２０２０年以降の発売予定となっており、ＶＷのＥＶシフトの代表格となる存在である。

ＶＷはＥＶをI.D.という別ブランドと

して立ち上げようとしている。ＥＶを「エコなクルマ」として販売するのではなく、「未来的なデザイン・自動運転のような最新技術・モーターによる加速性能」を打ち出すことで、従来のガソリン車とは異なる、全く新しいクルマとしてＥＶをユーザーに訴求しようとする狙いがある。

◉資源確保にも着手

先に述べたように大胆な電動化シフト計画を発表したＶＷは、その実現に向けて着実に歩を進めている。電動車両、特にＥＶ販売台数を大幅に拡大しようとすると、バッテリーの確保や、そのバッテリーに使用されるレアメタルなどの資源の確保が問題となる（詳細は第４章）。特にコバルトの国際価格は２０１５〜２０１７年の２年間で３倍以上に上昇するなど、電動車製造の上で大きなコストアップ要因となり得る。

ＶＷは既にその確保に向けて動き出している。スイスの資源会社であるグレンコア社との長期供給契約に向けた協議や、自社での入札募集にも着手しており、今後のＥＶシフトによる資源需給バランスの変化まで見据えた動きを活発化している。

ダイムラー

◉「CASE」戦略のもと、VWに続き電動化戦略を発表

２０１６年９月のパリモーターショーにて、ダイムラーは次世代の商品戦略「ＣＡＳＥ」を発表した。「ＣＡＳＥ」とは、「Connectivity（＝コネクテッドカー）」「Autonomous（＝自動運転）」「Shared & Service（＝シェアリングサービス）」「Electrification（＝電動化）」の4つの頭文字をとったものであり、これまで１００余年にわたり築いてきた自動車の在り方を打ち破ろうという方針である。

このうち、自動運転やコネクテッド技術に関しては他社と比較しても先駆的に取り組んでいたが、ここにきて急拡大するシェアリングやＥＶシフトを追い風に、「ＣＡＳＥ」を統合させた次世代のＥＶを一気に推進しようとしている。

２０１７年９月の発表では、２０２２年までにメルセデスブランドの全車種について

図表 3-2　Daimler の EQ コンセプト

画像提供：メルセデス・ベンツ日本

EVまたはPHEV／HEVモデルを揃え、2025年までに生産台数の25％を電動化すると宣言した。小型車ブランドの「スマート」については、欧州・北米で全車種EVに切り替えるなどの積極的な電動車の市場投入を予定している。こうした電動化を進めるに当たり、ダイムラーでは、EVブランド「EQ」を立ち上げ、「CASE」を統合した次世代EVを武器に、プレミアムセグメントのEV市場のリーダーになることを目指している。

EVに加え、ダイムラーは燃料電池車の開発も進めており、次世代エコカー開発を全方位で推進している。2017年9月のIAAでは、プラグイン燃料電池車「GLC F-Cell EQ Power」を発表している。燃料電池車はトヨタの「MIRAI」やホンダの「クラリティ」など、従来日本勢が先行しているイメージであった。ダイムラーは、燃料電池車の普及には欠かせない水素ステーションの整備が遅れている現状を踏まえ、日本勢の燃料電池車とは異なる、水素充填とプラグインでの充電を組み合わせた車両を投入する計画である。

ＥＶやＨＥＶ、ＰＨＥＶだけでなく、燃料電池車までもそのラインナップに揃えていることからわかるように、ダイムラーはＥＶに重点投資しつつも、エコカーに対しては「全方位型」で投資を続ける戦略を採っている。

◉テスラに対抗する「EQ」ブランドの立ち上げ

ダイムラーは２０１６年時点の発表では「２０２５年までに10車種以上を電動化」としていたが、２０１７年9月に、この計画を3年ほど前倒しし、２０２２年と変更した経緯がある。これは欧州での排ガス規制強化の動きに呼応したものと見られるが、ダイムラーがこれほど急激にＥＶシフトを進めようとする背景には、プレミアム市場で存在感を増す「テスラ」の影響がある。

テスラはプレミアムセダンタイプのＥＶ「モデルＳ」を２０１２年に北米で投入すると、右肩上がりに販売台数を拡大し、２０１５年にはダイムラーのプレミアムセダン

「S-Class」の北米販売台数（2・3万台）を上回る2・9万台を販売した。更に、ＳＵＶタイプの「モデルＸ」のほか、２０１７年より廉価版の「モデル３」を投入するなど、更なる勢力拡大に動いており、ダイムラーはプレミアム市場でのシェアをテスラに奪われているのである。この「プレミアム市場の奪還」がダイムラーにとってのＥＶシフトの大きな原動力となっている。

ダイムラーのテスラ対策の切り札が、彼らがＥＶ戦略の中核に据えた「ＥＱ」ブランドだ。２０１６年のパリモーターショーで発表した「ＥＱ」ブランドのコンセプトカー「ジェネレーションＥＱ」は0-１００㎞／h加速5秒以下、航続距離５００㎞という性能を備えており、テスラを意識した性能となっている。「ＥＱ」モデルには自動運転技術やデジタル技術といった最先端の技術を統合する計画であり、プレミアムセグメント市場でテスラに真っ向勝負を挑む構えだ。

また、ダイムラーは、テスラの本拠地であるアメリカのアラバマ工場でＥＶの生産を開始する計画を発表、テスラのモデルＸに対抗したＳＵＶタイプのＥＶを量産する。さらに最高級ブランド「メルセデス・マイバッハ」では航続距離５００㎞のＥＶのコンセプトを発表しており、プレミアムＥＶ市場で打倒テスラに向けて本格的に動き出している。

◉バッテリーのリユース、リサイクル体制の構築

ダイムラーは電動化推進と合わせて、バッテリーの再利用も含めたリユース、リサイクルチェーンの構築にも動いている。バッテリーシステムの再処理や製造はダイムラー子会社のACCUMOTIVE社が、定置型の電池としての再利用（リユース）をMobility House社とGETEC Energie社が、使用済みバッテリーの粉砕と原材料化（リサイクル）をREMONDIS社がそれぞれ担当することで、ＥＶバッテリーの再利用システムを整備している。

車載以外の用途への進出を行うことで、需給の安定化を図る狙いもある。特に有望だと見ているのが再生可能エネルギー向け蓄電池としての活用だ。再生可能エネルギーは、出力変動が大きく、電力系統（送配電網）を安定化する必要があり、バッファとなる蓄電池の活用が期待されている。ＥＶの廃車時に電池を取り出して上手く組み合わせれば、定置型の大型蓄電池としても利用可能であり、再生可能エネルギーの普及に寄与できる。また、リユース・リサイクルの仕組みを確立できれば、将来的にバッテリーおよび資源の需給バランスが崩れた際の「都市鉱山」としての活用も期待できる。

ダイムラーでは、このように将来的なＥＶ本格時代を見据えた準備にも並行して取り組んでおり、ＥＶシフトに対して本気であることがうかがえる。

ＢＭＷ

◉電動車市場で先行するも、戦略を見直し

ＢＭＷは、電動車市場で先行してラインナップを拡充し販売台数を増やしてきた。代表的なのがＥＶモデル「ｉ３」であり、２０１３年に販売を開始し、２０１６年には５万５千台を売り上げている。この「ｉ３」によるＥＶ展開と「ｉ８」によるＰＨＥＶ展開を進め、電動車ブランドの「BMW i」を浸透させてきた。しかし２０１７年時点で「ｉ３」と「ｉ８」を合わせた累計の販売台数は10万台程度であり、思ったように伸びていない。

このように電動車市場に対して先駆的に参入したＢＭＷであるが、思ったように拡大していない状況を受けて、ＢＭＷは２０１６年３月、２０２０年頃までの経営戦略「Strategy NUMBER ONE > NEXT」を打ち出し、その中で新たな電動化戦略を発表した。２０２０年に欧州排ガス規制が強化されるのに備え、２０１６年よりＥＶとＰＨＥＶを合

わせて7車種販売することを宣言した。さらに2025年にはトータルで25車種の電動車を投入、うち12車種のEVを展開すると発表するなど、他欧州勢に負けじとラインナップ強化を志向している。フランクフルトモーターショー2017では、電動化戦略の発表とあわせて次世代コンセプトモデル「i Vision Dynamics」を公開している。「i Vision Dynamics」はBMWがこれまで発表してきた小型EV「i3」とスーパーカー「i8」の中間に位置するモデルであり、電動車ラインナップを拡充し、電動車の拡販に本格的に取り組もうとするBMWの意気込みが感じられる。

◉2021年に自動運転EVの「iNEXT」を投入

BMWが現在、多くのリソースを割いて開発を進めているのが次世代EVモデルの「iNEXT」である。2016年5月に開かれた年次株主総会にて、BMWのハラルド・クルーガー取締役会会長は、この「iNEXT」について「自動運転やデジタル・コネクティビティ、先進的な軽量構造、未来のインテリアを備え、最終的に次世代の電気自動車を路上にもたらす」と語っている。

この「iNEXT」の実現に向け、自動運転分野でナンバーワンになることを目指し、特に自動運転技術の開発に注力している。2016年には半導体大手のインテルや画像処理・検知技術を持つイスラエルのMobileye社と自動運転技術の分野での提携を発表しており、

図表3-3　BMW i Vision Dynamics

画像提供：BMW

この提携による成果を「iNEXT」に反映させる見込みである。２０１７年後半より公道試験をスタートさせ、最終的に１００台以上のテストカーを導入する計画である。

「ＢＭＷらしい」のは、この自動運転には「駆け抜ける歓び」モードスイッチが搭載される点である。ＢＭＷの自動運転はモードの切り替えを想定しており、その１つとして「スポーティ」なモードスイッチを作り「駆け抜ける歓び」を体現できるように計画されている。

この「iNEXT」が体現しているように、ＢＭＷの電動化戦略は自動運転と一体となって推進されている。一度はコスト面から電動化戦略を見直したＢＭＷであるが、ＥＶを「電気で動くクルマ」としてではなく「未来の最先端技術が統合されたクルマ」として提供することでユーザーにより付加価値を訴求し、高価格帯での拡販を進めていく狙いである。

中国系自動車メーカーのＥＶ戦略

ＥＶ販売台数世界1位のＢＹＤ、各国トップメーカーとＪＶを保有するＳＡＩＣ

政策面でのＥＶシフトの主役は中国である。その政策により、既に世界最大のＥＶ市場を実現した。そのお膝元で活躍する中国系自動車メーカーは、中国という市場ボリュームを背景に世界有数のＥＶメーカーに成長する可能性を秘めている。

ここからは、大手メーカーの中でいち早く全車電動化を宣言したVolvo社を買収したGeelyグループ、中国系ＥＶメーカーのトップランナーとして名高いＢＹＤ、欧州のＶＷと米国のＧＭという両巨頭とのＪＶを保有するＳＡＩＣ（上海汽車）グループを紹介する。

Geelyグループ（浙江吉利控股集団）

◉Volvoから開発ノウハウを学び、グローバルメーカーレベルの品質確保を急ぐ

Geelyは２０２０年に向けて、約２８０万台の販売台数を計画している。２０１１年のGeelyの販売台数は50万台未満であったので、２０２０年は約6倍に相当するアグレッシブな目標である。Geelyグループとして、２０２０年にはハイブリッド車を含めた電動車両の販売台数を全体の9割にすることを目標としている。

Geelyは２０１３年にVolvoと共同でスウェーデンのヨーテボリに、研究開発センターを設立した。このセンターでは、Volvoからノウハウを取得するために、車両プラットフォームを共同開発した。そのノウハウを自らクルマの開発に活かすべく、寧波市の近くに大規模な本社開発センターを立ち上げた。開発陣だけで1万人が働いている。実験設備についてもＡＶＬなどグローバルサプライヤーから調達しており、Volvoなどのグローバル

自動車メーカーと同じプロセスで品質基準を守りながら車両開発を進めている。グローバル自動車メーカーの品質レベルの確保を急ピッチで進めているのである。

Volvoを買収したGeelyは、わざわざプラットフォームの共同開発をするよりも、Volvoから図面をもらい、直接Geelyブランドの車両を作るという選択肢もあったはずだ。むしろ、その方がGeelyの車両品質を早く高めることができる。しかし、自らよいクルマを開発することができないままになってしまうことを懸念したGeelyの経営層は、安易にVolvoから図面をもらうという選択肢を最初から外した。Geelyの経営層は中長期な経営目線でプラットフォームの共同開発を実施し、クルマの設計思想を根本から学ぶことを選んだようだ。

◉Geelyのパワートレイン戦略

Geelyのパワートレイン戦略の特徴はＰＨＥＶやＥＶだけではなく、ＨＥＶにも注力している点である。他のローカル自動車メーカーとは戦略が異なるのだ。Geelyは、ＥＶはユーザーに受け入れられるまでに時間を要すると考えており、年々厳しくなるＣＡＦＥ（61ページ参照）と大型車を好む中国市場での販売台数の目標達成を両立させるためには、ＨＥＶなしではできないと見立てているのだ。

Geelyが発売したクルマを見ると、（特にEmgrandは）ＰＨＥＶやＥＶのラインアップはリリースされているが、ＨＥＶは未だに正式販売していない。GeelyにとってはＨＥＶ

図表3-4　Geely　Emgrand7

http://geelyargentina.com/wp-content/uploads/2016/11/modeloEmgrand.png
出典：Geely社HP

技術はハードルが高いのだ。そこで、Geelyは
HEVの開発を進めるために、ローカルのニッケル水素電池メーカーとJV（ジョイントベンチャー）を立ち上げている。ちなみに、Geelyが開発している
HEVはいわゆる48Vではなく、トヨタのTHS（トヨタハイブリッドシステム）と似たようなストロングタイプのシステムである。

PHEVやEVについては、ユーザーの口コミ評価が高いため、完成度もそれなりに高いことが予想される。今後、高電圧タイプの技術を活用してさらに航続距離が長く、パワーがもっと出るEVを開発する計画を立てている。

◉ASEANや欧州への展開を始めたGeelyの勢いが止まらない

2017年5月に、GeelyはASEANでの販売拡大に向けた足がかりとして、マレーシアの企業であるPROTONに出資した。また、9月にはロータスの51%の株式を獲得し、傘下に収めた。今後、Volvo再建経験を活用して、ロータスのバリューアップを狙う。また、ロンドンタクシー買収や、ロシアでの生産拠点整備などの動きに鑑みると、狙っている市場がASEANや欧州であることは間違いない。今後はダイムラーへの出資の噂まで出ている。

さらに、2017年11月には「空飛ぶ車」の市場投入を2019年に目指す米テラフージアを買収した。Geelyは先進国の自動車メーカー並みの品質のクルマを作れるようになるだけではなく、遥かに高い視点で自動車事業の戦略を描いているようだ。

BYD（比亜迪）

◉電気自動車への道のりは平坦のはずだった

ＢＹＤはもともと、中国でモバイル用リチウム電池を作っていたメーカーである。そのメーカーが10年余りで、中国の大手電動車メーカーに変貌することは誰にも予測できなかった。そのＢＹＤにおける、これまでの取り組みと今後の展望に関して紹介する。

Build Your Dreams（あなたの夢を成し遂げる）、これは創業者王伝福氏がＢＹＤに込めた哲学である。２０００年前半、クルマは中国人にとって贅沢品であり、クルマを保有することはステータスの一つであった。

「クルマを庶民に手頃な価格で届けたい」。その夢を持つＢＹＤの創業者は、電池事業から捻出したわずかな資金で、自動車事業に乗り出した。

本来、自動車を製造する場合、エンジンやトランスミッションの高い開発技術がなけれ

図表3-5 BYD　e6

http://www.byd.com/la/auto/e6.html#download
出典：BYD社HP

ば、競争力の高いクルマを製造することができない。しかし、EVはバッテリーがコアな部品となるため、高い電池技術を持つBYDがEVを作れないはずがないと考えたのだ。

しかし、その自動車メーカーへの道のりは予想より厳しかった。2008年頃にBYDは、約60マイル（96・56km）走行可能な世界初のPHEVを量産販売して注目を集めたが、品質があまりにも低く、販売台数は100台にも満たなかった。また、2011年にe6をリリースして、深圳などにEVタクシーとして導入されたが、リン酸鉄系の電池を積んでいたことにより車重が極端に重く、航続距離が200km足らずとなってしまい、タクシーとしては使い物にならなかった。

一方で、そのような状況にもかかわらず、ウォーレン・バフェットが投資するなど、当時のＢＹＤに対して市場が期待していたのも事実であった。

◉リバースエンジニアリングはもはや過去の歴史

ＢＹＤは、浸透してしまった安かろう悪かろうのイメージや、２０１０年から２〜３年間続いた経営難にもかかわらず、電動車両開発を強行した。

変化が訪れたのは、政府がＥＶを推進する政策を打ち出し始めた２０１３〜２０１４年頃だった。同時期、ＢＹＤはＰＨＥＶのQin、TangやＥＶのｅ５をリリースした。さらに、２０１６年にはリリースして間もないQin、Tang、ｅ５を、それぞれQin-100、Tang-100、ｅ６にモデルチェンジした。投入した車両の利用状況やユーザーの利用体験などから得られたフィードバックを即座に分析して、次モデルの開発に活かしたのだ。たとえば、モデルチェンジ後は、電池ケースの材料を鉄からアルミに替えたり、バッテリーをリン酸鉄系から三元系に替えたりした。

自動車業界では、ＢＭＣ（Big Model Change）は最低でも３〜４年、ＦＭＣ（Full Model Change）は7〜8年かかるといわれている。一方で、ＢＹＤはわずか1〜2年でモデルチェンジを行ってしまった。それは、ＢＹＤがコア部品となるバッテリー（セルも含む）、モーター・インバーター、車両制御ユニットを完全に内製していることによるものである。

そして、市場投入後のPDCAサイクルを超高速で回すことで、自動車メーカーまでの道を高速で駆け上がったのだ。

また、近年では駆動システムだけではなく、先進国の自動車メーカーに負けないように、デザインや走行安定性も強化している。たとえば、Audi の元チーフデザイナーを採用したり、ダイムラーの元シャシーチューニング責任者を採用しているのだ。さらに、自動運転車両やコネクテッド技術を活用したICV（インテリジェントコネクテッドビークル）開発にも熱心である。

このように、BYDは他のグローバルメーカーとも遜色のないクルマ作りを進められる準備に取り組んでいるのだ。

◉電池事業とNEV事業を武器にしたBYDは、次にV2Gを含めたソリューション事業に参入

2017年末に、中国市場におけるNEVの年間販売台数は、70万台（商用車も含む）を超える見通しであり、累積販売台数が170万台になると予測される。政府目標値である2020年時点の累計販売台数500万台が達成された場合には、沿岸部の大都市にはかなりの数のNEVが普及する見込みである。

このNEVが同時に充電しようとすると、ローカルの電力系統に大きな負荷を与えてし

図表 3-6　BYD　ebus

http://www.byd.com/la/auto/e6.html#download
出典：BYD社HP

まい、電力系統が不安定になるという課題も生じてくるだろう。そんな課題を解決すべく、ＢＹＤはＶ２Ｇ（２３３ページ参照）やＶ２Ｈなどのソリューション開発に乗り出している。ＢＹＤはすでに深圳市のスマートグリッド事業の実証実験に参加しており、国家規格基準であるＧＢの策定にも関わっている。また、砂漠など西部の地域でも、太陽光発電システムや風力発電システムの事業を立ち上げている。

自動車メーカーとしてのアイデンティティを獲得したＢＹＤは、今後ＥＶを軸にして、エネルギーソリューションプロバイダーとして成長していくだろう。

SAICグループ（上海汽車集団）

◉海外ブランドの買収を通じて成長を目指してきたがうまくいかず

ＳＡＩＣ（Shanghai Automotive Industry Corporation）は〝中国自動車メーカーのプリンス〟だと言われている。世界のトップ自動車メーカーであるＶＷとＧＭとともにＪＶを立ち上げており、開発力が非常に高いのだ。また、政府の管轄に置かれたことがあるため、経営のリソースが潤沢なのもそのゆえんだ。

かつて中国政府が２００９年に発表した「自動車産業発展及び促進政策」には、〝四大四小〟という自主ブランドを強化する戦略があり、そのなかでＳＡＩＣは第一汽車、東風汽車、長安汽車と並ぶ、四大の一つとして位置づけられている。

それに加えて立地も良い。ＳＡＩＣの本社は中国沿岸部の超大都市である上海にあるため人材が豊富に揃っているほか、部品サプライヤーも上海周辺の長江デルタ地域に集積しているため、クルマづくりが進めやすいのだ。

しかし、環境には恵まれたＳＡＩＣだが、自主ブランドの売れ行きは順調ではなかった。２００４年に韓国の双竜（サンヨン）自動車を買収したが、２００８年の金融危機の影響を受け倒産してしまった。また、２００７年に南京汽車を買収し、その南京汽車の傘下企業である英国のMG Rover（ＭＧＲ）を傘下に収めたが、そのＭＧＲのノウハウを元に開発した栄威（Roewe）の販売実績は伸び悩んだ。ＳＡＩＣにとってガソリン車は、先進国メーカーに負けないよう努力してきたにもかかわらず、いくら投資しても、いくら品質改善しても、業績にはなかなか反映できないお荷物となっていた。

その理由は、人材や開発コストを中国合弁系並みに投資するため、他の地場系メーカーよりも高いコストがかかる一方で、自主ブランドとしてのプレミアム価値を認めるユーザーが少ないことが挙げられる。そのため、価格が少しでも高くなってしまうと、ユーザーがすぐに他ブランドに流れてしまったのだ。

◉ＩＣＶで逆転勝利を狙う

風向きが変わったのは２０１６年だった。ＳＡＩＣの自社ブランドの販売台数は32万台を超え、２０１５年の17万台に対して2倍弱の成長を実現したのだ。さらに２０１７年の販売台数は、11月時点で46・7万台を販売しており、２０１６年の同時期と比較すると70

図表 3-7　SAIC の RX5

http://www.saicmotor.com/
出典：SAIC 社 HP

%以上の伸び率を実現している。

　２０１６年以降の躍進に寄与したのは２つのヒットモデルである。１つはRoewe 360、もう１つはRoewe RX5である。なかでもＲＸ５は２０１７年１月～11月までの累積が21・７万台以上を獲得しており、２０１７年の販売躍進に大きく貢献している。

　市場に評価された点は、中国の自動車専門サイトの消費者評価を見ると明らかである。専門サイトによると、外形などのデザイン、広い車内空間、会話型エージェント技術によるハイテク感などが評価されている。一方で、パワートレインに関する評価はそれほど高くない。中国政府のＥＶ施策が目立つため、中国の消費者もＥＶに熱中していると思いきや、消費者は意外にも目で確認できるデザインや車内での快適さを重視している点が興味深い。

ＲＸ５にはＳＡＩＣとアリババで共同に開発した車載マルチメディアシステムが搭載されている。アリババはYunOS for Carを提供しており、ユーザーは車載ナビにある会話型エージェントと会話することで、クルマの一部機能を操作することができる。たとえば、サンルーフの開け閉め、音楽などのコンテンツの選択、室内温度の調節などである。先進国のユーザーから見れば、付加価値の高い機能とは言い難いが、中国の若い消費者にとっては、携帯や各種ネットワークとつながるクルマ、いわゆるＩＣＶは、使い勝手が良く魅力的なのだ。

◉中国で唯一FCEVの量産を計画

中国地場系メーカーの中で、ＳＡＩＣは唯一ＦＣＥＶ（燃料電池自動車）の量産を計画している。前述のように、中国政府はＥＶに注力しているため、ＦＣＥＶにリソースを投入することは得策でないように見受けられる。しかし、２０００年から開発をスタートしたＳＡＩＣは、２０１５年時点ではすでに累計60億元を投入しており、２０２０年にＦＣＥＶを１０００台販売することを目標としている。

ＰＨＥＶやＥＶは、付加価値の大半が電池に占められている。つまり、クルマの大半の価値を外から調達しているのだ。ＥＶシフトが加速すれば、バッテリーやモーター、インバーターなどを供給するサプライヤーの力が増してくる。バリューチェーン上の価値がサプライヤーに流れてしまった結果、自動車メーカーは、セットアップメーカーになってしまうことが危惧されているのだ。それを防ぐためには、自動車メーカーがコアの部品を握ってしまうという手段が存在する。実は、ＳＡＩＣも電池メーカーであるＣＡＴＬとＪＶを組むなど、ＥＶにおけるコア部品を内製することを諦めていない。しかし、電池開発はやはり電池メーカーが主導しなければ、そもそもの競争力を担保することが難しくなる。

　そこで、ＳＡＩＣが選んだバックアッププランがＦＣＥＶである。ＦＣＥＶは従来車におけるエンジンが燃料電池に置き換わったクルマであり、ＳＡＩＣはＦＣＥＶにおいて、従来車の開発と同じように、燃料電池を中心としたすり合わせを実現して、開発のイニシアチブを獲得することを志向しているように見える。ＳＡＩＣはＦＣＥＶを水平分業化の回避策としてしたためているのだ。ちなみにＳＡＩＣは、燃料電池スタックを中国のスタック企業大手である大連の新源動力と共同開発している。

米系自動車メーカーのＥＶ戦略

ＥＶシフトの立役者と従来車の巨人

ＥＶベンチャーの筆頭格のテスラと電動化市場で苦戦するＧＭ。

世界のプレミアムＥＶ市場を牽引する米国発のＥＶベンチャー、その代表格がテスラである。ここでは、そのテスラが今後どのようなシナリオを描いているのかについて紹介する。

その一方で、大手メーカーであるＧＭは、テスラ憎しとテスラキラーのＥＶを発売した。遅ればせながらＥＶシフトを宣言した元世界一のＧＭが何を狙っているのかについても紹介する。

テスラ

◉イーロン・マスクが描くEVロードマップ

イーロン・マスク氏率いるテスラは、第2章でも触れたが、これまでのEVシフトの立役者とも言える。EVに特化した戦略で、他大手自動車会社と伍す程の成長を遂げた。テスラはこれまで、パナソニックとギガファクトリーを設立した「バッテリー」、革新的な自動運転システムやHMIを実現する「ソフト」、優れた「デザイン」、トヨタとGMの旧合弁工場を再生して得た「組立」の技術を武器にEVシフトを牽引してきた。

テスラのEV事業戦略は簡潔に言えば以下の4ステップに集約される。

①富裕層ターゲットに対するプレミアム車両の提供
②投資費用の早期回収

③ファミリーカーの投入
④バッテリーシステム外販

テスラと言えば高級車というイメージ通り、ロードスター、モデルS、モデルXというプレミアム車両が富裕層ターゲットにヒットしたところから始まる。この高級車の売上で投資費用を早期に回収し、自社のブランド価値を発信するとともに次世代事業の開発費を捻出した。これが①、②であり、ここ数年間のテスラである。

同社は2017年7月から、新型コンパクトEV「モデル3」の生産を開始した。モデル3の価格は約400万円と価格水準はそこまで高くない。この普及価格帯の車両投入がステージ③である。

今後は、バッテリーで駆動する小型SUVやピックアップトラックが発表されるとの報道が散見される。また、テスラは2017年、普及価格帯の車両投入に向けて、生産自動化システムを設計・生産・販売しているパービックス社を買収している。買収したパービックス社の自動生産システムを導入し、生産効率を引き上げることを画策しているのだ。

◉今後の狙いはバッテリーシステムの外販

今後は車両販売だけでなく、バッテリーシステムの他社販売を狙っていると見られる。

ギガファクトリーという圧倒的な生産力を元に、高い競争力を誇るバッテリーシステムを製造し、他の自動車会社や今後立ち上がりが予想されるＥＶベンチャー企業などに向けて拡販するのだ。

そのためには、もちろん技術優位性も重要だが価格優位性も鍵となる。価格優位性を確立するためには生産能力強化と販売先拡大の両輪を整え、圧倒的な量産効果を効かせることが重要だ。

まず、生産能力強化という観点では、前述の通り、テスラは２０１７年からネバダ州で稼働を開始したギガファクトリーを保有している。ギガファクトリーは年間35ＧＷｈの生産量を見込んでおり、直接雇用で６５００人、間接雇用も合わせると２万〜３万人の雇用を創出すると言われている。現在の稼働範囲は45・５万平方メートル、東京ドーム約10個分の大きさである。これでもまだ最大予定稼働範囲の約30％と聞くと耳を疑うだろう。ちなみに、テスラは、ギガファクトリーを〝世界最大の建築物〟と紹介している。

さて、販売先拡大という観点では、テスラは車両だけでなくパワーウォールなどの定置型蓄電池の製造販売を拡大している。この定置型蓄電池もギガファクトリーで製造されている。

余談になるが、テスラの車両には普段は使用されない、つまり余剰なバッテリーが搭載されている。実はこれまで販売されていたテスラのＥＶ「60」と「60Ｄ」モデルは、最初

図表3-8　テスラが豪サウスオーストラリア州に建設した世界最大規模のリチウムイオン蓄電システム

画像提供：テスラジャパン

から75kWh容量のバッテリーが搭載されているのだが、ソフトウェアによって60kWhに制限されているのだ。2017年夏の大型ハリケーン「イルマ」の進路となり避難命令が出された米国フロリダ半島で、テスラは安全に避難できるよう、車両をソフトウェアで遠隔制御し、使用されていないバッテリーの使用を一時的に解放したそうだ。高級車だからこその技だとは思うが、結果的にテスラの車両には必要以上のバッテリーが搭載されていることが公になった。

テスラはギガファクトリーの稼働を開始してからというもの、調査会社やコンサルティング会社に比べて、かなりポジティブなバッテリー価格の見通

図表3-9　バッテリー価格の見通し

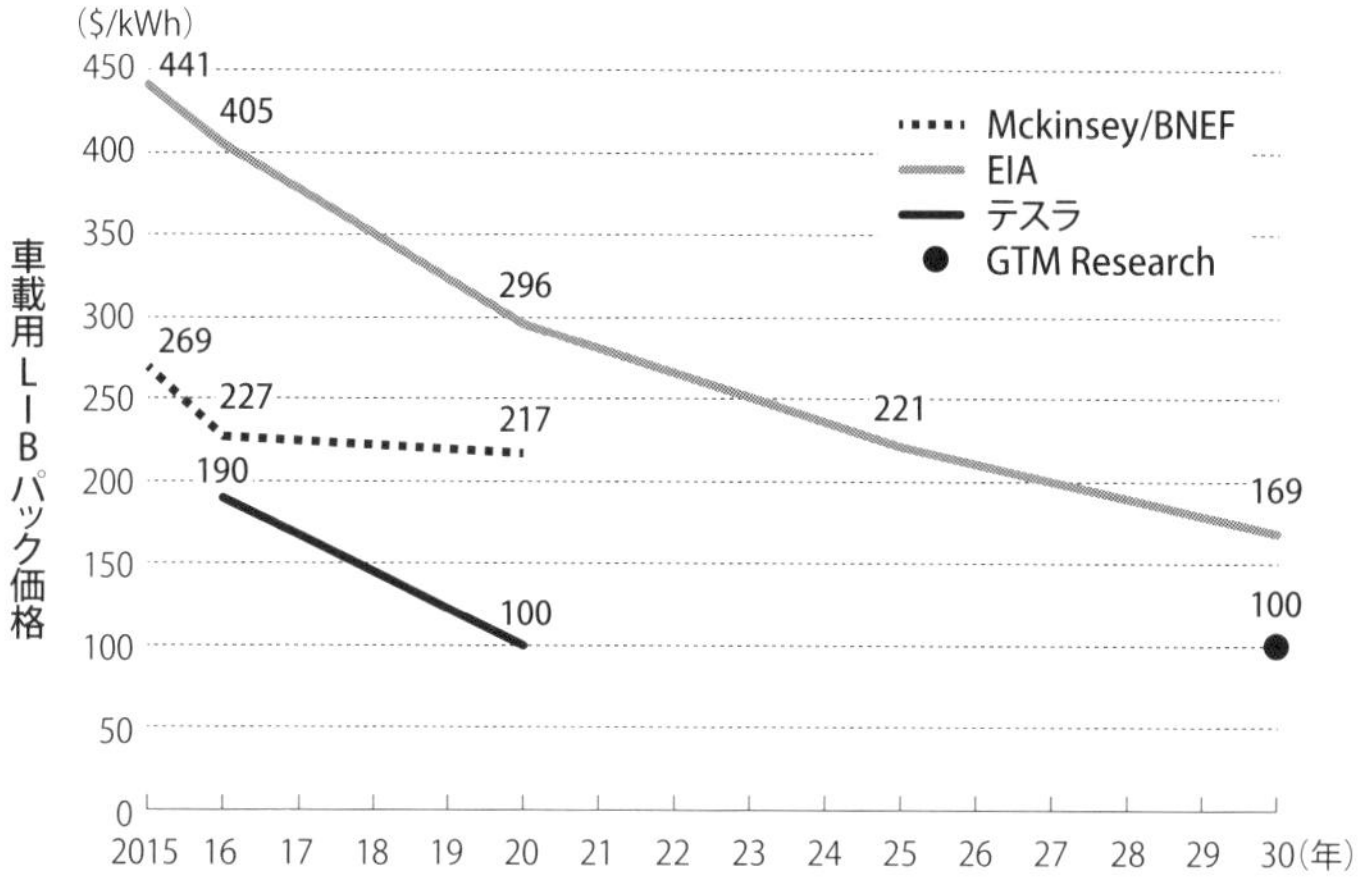

出典：各種公開情報より野村総合研究所作成

しを発表している（図表3-9）。将来的には競合各社が太刀打ちできない価格帯でのバッテリーシステムを実現した上で、他社への拡販を狙っているのだ。

ＧＭ（ゼネラルモーターズ）

◉電動車市場で苦戦する巨人

ＧＭは２０１７年よりシボレーブランドの小型ＥＶ「シボレー Bolt EV」（図表３−10）を発売。このBoltはＧＭが「テスラキラー」として開発した車で、航続距離は３８０㎞程度、価格は４万ドル弱と、テスラの量産モデル「モデル３」にも充分に対抗できる性能・価格に仕上がっている。しかしながら、現在苦戦が続いている。

Bolt は２０１７年１〜７月にかけて１０００〜２０００台／月、８月以降は２０００〜３０００台／月程度の販売台数で推移しており、これはテスラの販売台数の半分程度にとどまる。

さらに、Bloomberg によると、Bolt は１台売るごとに９０００ドル（約１０３万円）の赤字だと報じられている。

図表3-10　シボレー Bolt EV

画像提供：ゼネラルモーターズ・ジャパン

ＥＶ量産時代をリードする、と期待され、モータートレンド誌の２０１７年カー・オブ・ザ・イヤーにも選ばれたこの車両が、「売れない・売れても儲からない」お荷物車両となっていることはＧＭにとっては想定外の事態だったのではないだろうか。

◉オールエレクトリックの未来を描く

このような状況の中、欧州勢に一歩遅れＧＭも電動化へと舵を切った。２０１７年10月には新たな電動化戦略を発表し、Bolt に続いて、２０１９年までに新型ＥＶを２車種投入する計画を明らかにした。更に２０２１年に新開発のＥＶプラットフォームを導入し、２０２３年までにＥＶまたは燃料電池車を20車種投入しＥＶラインナップを整えることで２０２６年には世界販売１００万台を目指すと公表している。

2017年11月に米国で開催された「バークレイズ2017世界自動車会議」にて、GMのグローバル製品担当エグゼクティヴ・ヴァイスプレジデントを務めるマーク・ルースは、「われわれは将来的にはクルマがすべてEVになると確信しており、そうした未来への道を開くという計画に沿って前進しています」と述べている。今後発表するEVとはバッテリーEVだけでなく、燃料電池車も含まれている。

◉中国市場への対応にも取り組む

苦戦が続くEV事業だが、GMがEVシフトを進めるのはなぜか。主に2つの要因があると見ている。

1つは、米国市場におけるテスラの存在感の拡大である。テスラは2017年4月に時価総額でGM、フォードを抜き、一時全米トップの自動車メーカーとなった。この北米自動車産業を揺るがす「テスラ」という存在をGMは無視することができなくなり、その対抗策としてEV投入を進めざるを得なくなったのだろう。先述した「Bolt」も明らかにテスラの「モデル3」を意識した航続距離、価格となっている。

もう1つの理由は、GMの注力市場である中国でのNEV規制強化である。GMの2016年のグローバルでの新車販売台数は約1000万台だが、この内の約4割を中国での販売台数（360万台）が占めており、北米の販売台数（300万台）を上回る規模となっている。2019年から始まる規制に対応するため、GMは2020年までに中国でEVとPHEVを合わせて10モデル発売することを計画。2019年までに現地でEV生産を開始し、EV及びPHEVの販売を2020年までに15万台、2025年までに50万台以上に伸ばすと表明している。

GMは中国現地に車両開発拠点のPATAC（Pan Asia Technical Automotive Center）を保有しており、中国における車両開発を担っている。これまで、このPATACでEV車両を開発した実績もあり、今後もこのPATACの機能を活かした現地EVの開発が進むものと見られる。2017年4月の上海モーターショーでGMは、2018年に発売予定のPHEV「FNR-X」を発表したが、このFNRシリーズはPATACが開発を担当している。

GMでは、北米・中国それぞれの開発拠点で現地ニーズに適した車両を開発し、EVシフトを進めていくものと思われる。

日系自動車メーカーのＥＶ戦略

ＥＶシフトに出遅れたトヨタ・ホンダ、
選択と集中でスタートダッシュを切った日産

最後に紹介するのが日系メーカーだ。今回のＥＶシフトに出遅れてしまったと言わざるを得ないトヨタ・ホンダ。彼らはなぜＥＶシフトに出遅れてしまったのか、そして出遅れてしまった中で彼らが掲げる戦略は何なのかに対する筆者の見立てを紹介する。

また、会社が窮地に追い込まれる中で、ＥＶへの選択と集中に努めてきた日産は、他社に先駆けてＥＶシフトへのスタートダッシュに成功している。その彼らが今後、何を仕掛けようとしているのかについて紹介する。

トヨタ自動車

◉中国のNEV規制と燃料電池車への先行投資が招いたEVシフトの遅れ

日系メーカーでは、はじめにトヨタを紹介する。まず今回のEVシフトに対して、トヨタは今ひとつ出遅れ感がある。トヨタは、これまで環境対応車の中心はHEVとPHEVであり、ZEVはあくまでも法規対応のための車両であると割り切っていた。日本市場はHEVとPHEVが今後も主流、欧州市場は燃費規制であるため、HEVとPHEVで対応可能、北米のZEV規制はPHEVと燃料電池車で対応すると算段していたのだ。事実、EVシフトの火付け役となった欧州市場においても、トヨタのHEVの売れ行きは好調であったため、この戦略は奏功していたと言える。

しかし、トヨタの思惑に対して、中国という巨大市場の強攻策が立ちはだかった。第2章で述べたように2019年からスタートする中国のNEV規制は各乗用車メーカーに新エネルギー車の導入を義務づける政策である。その結果、燃料電池車は現状のインフラの普及状況では拡販が難しく、中国市場でビジネスを継続するためにはＥＶ投入をせざるを得なくなった。

しかし、これまでトヨタは、ＺＥＶは現時点では法規対応に向けた車両に過ぎないと考えていたとともに、燃料電池車がその中心になると考えて研究開発に注力してきた。そのため、ＥＶシフトへの判断を躊躇してしまった。その結果、今回のＥＶシフトにいち早く対応することができなかったのだ。

◉ＥＶ開発強化に向けた組織の見直し

そんな中でトヨタは、ＥＶシフトへ対応すべく2つの大きな組織変革を実行した。

まず１つ目が２０１６年12月に社内ベンチャー組織として立ち上げたＥＶ事業企画室である。同企画室はＥＶの戦略や開発をミッションとしている。現在はデンソーやアイシン、豊田自動織機などの系列部品メーカーからの出向者も受け入れ、トヨタグループ一丸で与えられたミッションに取り組んでいる。さらに同組織は所属する社員がＥＶ開発に思う存分注力できるよう、豊田章男社長直下の組織となっている。

そして２つ目が２０１７年9月にデンソー、マツダとともに設立した新会社「EV C.A. Spirit」である。現在、スズキやスバル、ダイハツ、日野自動車らも同社への合流を決め

図表３−11　EV C.A. Spirit 社

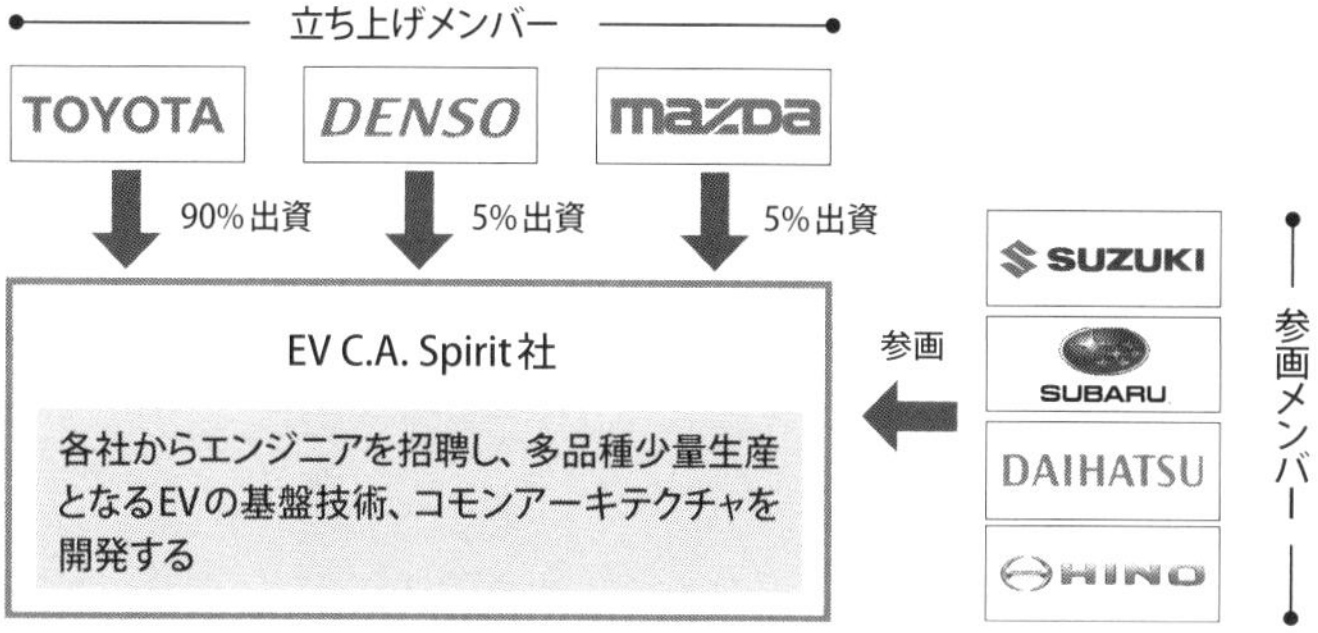

出典：各種公開情報より野村総合研究所作成

ており、日本連合軍の様相を呈してきている（図表３−11）。社名にある「C.A.」とは、マツダが独自で考案した開発手法であるコモンアーキテクチャーの略である。同手法は、まずエンジンやシャシーといった単位で、車両を構成領域ごとに区切り、それぞれに設計の思想を設定する。この設計思想は小型車やSUVといった車格の枠を越えて全車種の基礎となっており、少しカスタマイズするだけで新しい車両を開発できる。この基礎があるため、マツダは多品種少量生産を効率的に進めることができるのだ。

さて、この手法の考え方こそが同社設立の大きな理由である。第１章で述べたように、EVは、車両コストの削減が課題となっている。一方で、現在EVは、販売台数が少ない上に、テスラの高級車やリーフのような大衆車、EVコミュータのようにその車両ニーズは様々で、多品種少量生産が求められる。そこで、「EV C.A. Spirit」は、各社からエンジニアを招聘し、多品種少量生産となるであろうＥＶの基礎となる技術を共同で開発し、各会社間で共有する設計思想を作り上げることを目的としている。

◉パワートレイン戦略は全方位

近年のトヨタは確かにＥＶシフトを鮮明にしているものの、彼らのパワートレイン戦略はあくまでも〝全方位〟だ。つまり、トヨタはＥＶの開発も進めていくが、並行してＨＥＶや燃料電池車の開発も進めていくといったスタンスなのだ。それは、これまでの同社の発言に現れている。

たとえば、２０１５年の「トヨタ環境チャレンジ２０５０」で内山田竹志会長が「将来の車を考えると、ＨＥＶやＰＨＥＶ、ＥＶ、燃料電池車でどれか1つに定まらず、並存期間が長いと思う」と発言している。また、２０１７年の東京モーターショーで、ディディエ・ルロワ副社長が「中長期で都市部の近距離移動利用にＥＶ、中距離を燃料電池車、長距離をＨＥＶと各車両で棲み分ける方向性で考えている」と発言している。

トヨタは、ＥＶは航続距離の問題を孕《はら》むため、あくまでも近距離移動向けの車両として位置づけ、ＰＨＥＶや燃料電池車が次世代環境車両の柱になると考えている。

◉全固体電池の開発ではトップランナー

最後にトヨタの全固体電池に対する取り組みを紹介したい。

ＥＶ開発という観点では海外メーカーから出遅れていると言わざるを得ないトヨタだが、こと全固体電池に関しては、特許件数では世界一を走るなどトップランナーである。現在、２０２０年代前半に全固体電池を実現するという目標に向けて、東京工業大学らとともに産学連携で開発を進めているほか、約２００名の技術者が研究開発に日々取り組んでいる。

もしトヨタの計画通り全固体電池が実現した場合、第１章で述べたように競争のルールが大きく変わるため、形勢逆転もあり得る。

本田技研工業

◉出遅れながらもEVシフトを宣言

ＥＶシフトへの対応という意味ではホンダもトヨタと同様の理由で出遅れたと言わざるを得ない。ましてやホンダはＧＭと燃料電池車の共同開発を進めているため、なおさら、燃料電池車の開発から手を抜くことはできない。

その状況を打破すべくホンダは２０１６年2月に、２０３０年に販売車両のうち3分の2を電動車両とすることを目指すと宣言した。ここで言う電動車両とは、ＨＥＶ、ＰＨＥＶ、ＥＶ、燃料電池車を指している。その発表の中で、今後ＥＶの開発を強化することを宣言したのだ。

これまでホンダは、ＥＶではほとんど販売実績がなかったため、ＥＶシフトをあえて宣言したと言える。

◉２０１７年度にEVの取り組みを急激に加速

ＥＶ開発を強化すると宣言した後、ホンダはこれらの車両開発に関して積極的な発表を繰り返している。２０１７年度にホンダが発表したＥＶの内、特に注目すべき車両について紹介する。

まず、最も注目度が高い車両は２０１７年９月に発表された、初代「シビック」を彷彿させる「Honda Urban EV Concept（ホンダ・アーバン・イーブイ・コンセプト）」（図表３−12）であろう。同社製の小型車「フィット」より全長が10㎝近く短く、街乗りに適したデザインとなっている。

最先端の技術も多く搭載されている。たとえば、外観のフロントとリヤにディスプレイが埋め込まれ、路上の他ドライバーへの情報提供などあらゆるメッセージがここに表示される。また、ホンダのＡＮＡ（Automated Network Assistant）というシステムが搭載される見込みである。このシステムはドライバーの運転を学習し、それに応じて適切な情報を提供する。たとえば、ドライバーが特定の目的地を頻繁に訪れる場合、その近辺における他の有益な情報を提供したりする。

「Honda Urban EV Concept」は、２０１９年にまずは欧州で販売を開始し、２０２０年には日本でも発売を開始する予定である。先進性の高い車両を投入することで、あまりプレゼンスを発揮できていない欧州市場での巻き返しを狙っているのだろうか。

図表3−12　Honda Urban EV Concept

画像提供：本田技研工業

当然、中国においてもＥＶ販売を始めることを発表している。こちらは、現存する小型ＳＵＶ「ヴェゼル」のプラットフォームをベースにした現実的なＥＶである。２０１８年４月開幕の北京モーターショー２０１８で公開された後、現地合弁会社２社（東風本田汽車、広汽本田汽車）のブランドでそれぞれ製造・販売を開始する計画である。

◉自前主義からの脱却

今後、目標達成に向けて、ホンダがさらにＥＶ、ＰＨＥＶの開発を加速していくためには他企業とのアライアンスが重要になる。ＥＶ開発は他社との提携により規模を確立することで、量産効果を享受し、研究・調達・製造における費用を削減することが重要であるためだ。

２０１７年東京モーターショーで八郷隆弘社長

が「ＥＶ最大の課題はコスト」と主張している点からも、今後いずれかの企業とアライアンスを組む可能性は高い。

確かに、これまでのホンダは他社との連携をせず、独自の技術で車両開発に取り組む自前主義へのこだわりが強かった。その文化がホンダのコアなファンを創り出し、ホンダを支えてきた。ところが、２０１５年2月に八郷氏が8代目社長に就任してから、ホンダの自前主義の姿勢に変化が現れた。たとえば、２０１６年12月には自動運転の共同開発に向けて、グーグルを傘下に持つAlphabet の自動運転研究開発子会社であるWaymo と技術提携したほか、２０１７年7月にはＥＶ用モーター開発で日立オートモティブシステムズと合弁企業を設立した。コネクテッドカー領域では、中国市場で、ＩＴ大手の東軟集団（ニューソフト）や中国インターネット通販最大手のアリババ集団と協力することを発表した。

では今後、ホンダはいずれの企業とＥＶ開発においてアライアンスを組むのだろうか。国内の自動車メーカーは、トヨタ率いる「EV C.A. Spirit」、もしくは日産を中心としたアライアンスが存在している。燃料電池車開発で協力関係にあるＧＭは候補になるのだろうか。

２０１７年度における四輪車のグローバル販売台数が５００万台を超えることが予想されるホンダがどのように動くのか、今後注目する必要がある。

◉ホンダのパワートレイン戦略もトヨタ同様あくまで〝全方位〟

ここまで、ホンダがＥＶ開発に注力しているという紹介をしてきた。しかし、ここで主張しておきたい点は、ＥＶに一意専心してはいないという点だ。あくまでホンダもトヨタと同様で、ＨＥＶ、ＰＨＥＶ、ＥＶ、燃料電池車などに全方位で取り組んでいく。

八郷社長は、電動化比率を３分の２にすると宣言した際に、「２０３０年時点での各パワートレインの比率は、ＨＥＶとＰＨＥＶが50％以上、燃料電池車、ＥＶが15％くらい」との想定を発表している。事実、２０１７年度、米国市場ではＥＶではなくＰＨＥＶに関する発表のみであったし、２０１７年度のモーターショーでも、ＥＶに関する発表が多いものの、「ステップワゴン」などのＨＥＶ車の拡充に関する宣伝も怠っていない。

日産自動車

◉日系メーカーではEV領域のパイオニア

トヨタ、ホンダがEVシフトに出遅れた一方で、日産は事情が大きく異なる。これまで、日産は、会社が窮地に陥り選択と集中を進めなければならない状況下で、EVに注力してきた。この戦略が正しかったかどうかはまだ判断できないが、2010年に初代リーフを販売して以降、日系メーカーにおけるEVのパイオニアとして奮闘してきたのは間違いない。

実態として、これまで三菱自動車やルノーとの販売台数と合わせるとすでに累計約50万台のEVを販売している。また、国内販売台数を見ると、日産と三菱自動車で、EV／PHEV2014-2016年度の販売台数別で、約8割を占めているのが現状である（図表3-13）。

図表 3－13　国内における車種別 EV／PHEV 販売台数（2014－2016）

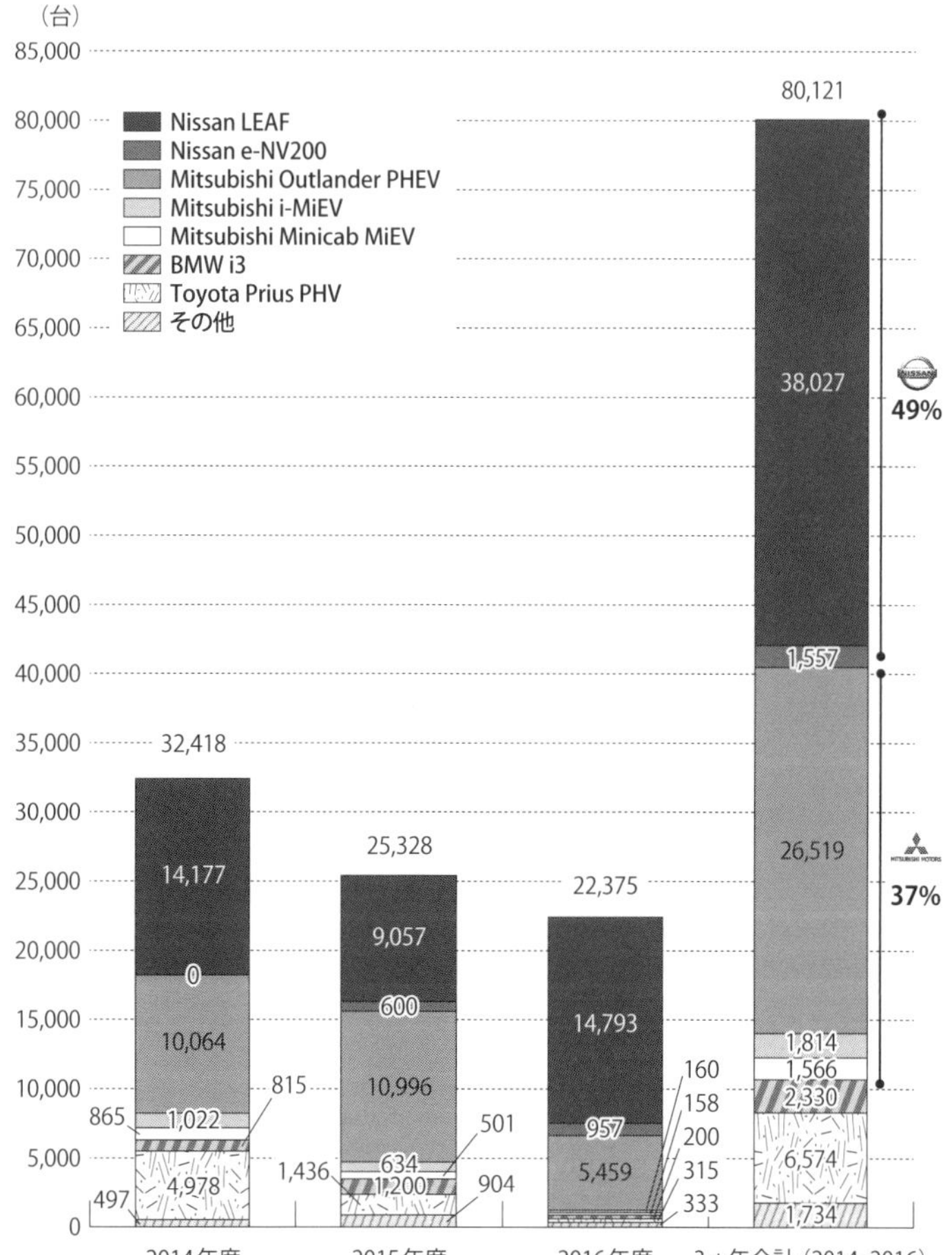

出典：EV Sales HPより野村総合研究所作成

その日産は、２０１７年9月にパリで記者会見を開き、今後のグループ方針である「アライアンス２０２２」を発表した。その中で、２０２２年までに12車種のＥＶを投入することや２０２２年の想定販売台数である１４００万台のうち3割を電動化することを発表した。その記者会見の中で「12のＥＶを発売することで、〝引き続き〟ＥＶのリーダーを維持できる」と発言している点は、当領域のフロントランナーとしての矜持を感じる。

◉ＥＶの拡販に向けた様々なＰＲ活動

「アライアンス２０２２」の発表と時を同じくして、２０１７年9月、第二世代リーフが発表された。この第二世代リーフでは、想定航続距離は４００㎞に設定されている。つまり、航続距離が２００㎞であった初代リーフの2倍近くに延伸しているのだ。ちなみに、前述の「アライアンス２０２２」によると今後は６００㎞を達成することが目標だそうだ。

一方で、ＥＶの販売拡大に向けて単に基礎技術を磨くだけでない点が日産から目を離せない理由である。先日発表された〝3度驚く〟というキャッチフレーズでお馴染みのノート e-POWERも将来のＥＶ拡販に向けた1つのステップである。駆動力としては１００％モーターを使うが、エンジンを発電機として使うため、ＥＶとは言えないこのクルマは、ガソリンで動くため、航続距離や充電時間といったＥＶの欠点を抑えつつ、ＥＶならではの走りの体験が可能になるというクルマである。明言こそないものの、日産はこのノート

e-POWERによって、ユーザーにＥＶの走りを訴求し、将来のＥＶ販売に促すためのエントリー車と想定しているのではないだろうか。

さらにもう１つ、２０１８年1月から開始されたカーシェアリングサービス「ＮＩＳＳＡＮ e-シェアモビ」にも注目すべきだ。当サービスで貸し出すクルマはノート e-POWERとリーフだ。ショートタイムは15分ごとに２００円、パック料金は6時間パックで３５００円、12時間パックで５５００円と値段も相当お手頃である。当サービスもＥＶの魅力度向上、ＥＶファンの育成が狙いであろう。

このようにＥＶの拡販に向けて単なる技術改善にとどまらず様々な種まきＰＲ活動を実施している点はＥＶ領域のパイオニアならではと言える。

◉パイオニアならではのビジネスモデル確立、ＥＶバッテリーの活用

詳しくは第5章で後述するが、現在、再生可能エネルギーの普及に伴い系統が不安定化しているため、蓄電池などの需要量と供給量を必要に応じて調整する機能へのニーズが拡大している。ＥＶは言わば走る蓄電池であるため、電力業界からは需給調整機能としての期待が高まっている。

さて、需給調整能力の提供はＥＶを普及させていることが前提条件であり、前述のように今回のＥＶシフトというブームの前に先行して、グローバルで50万台、国内販売台数べ

ースで約8割のシェアを保有している点は日産に一日の長がある。

日産による、ＥＶを電力網に接続して需給調整機能として提供するサービスに関する取り組みを紹介する。まずは、マウイ島での実証実験が有名であろう。２０１１～２０１７年2月まで行われたこのプロジェクトでは、２００世帯以上のＥＶ利用者が参加しており、ＥＶの充電開始時刻を遠隔操作により集中制御することで、電力ピーク時間帯と重なってしまう夜7～8時頃から夜10～11時頃にシフトさせることに成功した。また、同様の取り組みは国内でも活発化している。２０１７年12月、東京電力ホールディングスとともにＥＶによる需給調整機能サービスの立ち上げに向けて実証実験を行うと発表があった。当実証実験では、東電ＨＤがＥＶのユーザーに電力需要の小さい時間帯を情報提供し、指定された時間帯に充電を行ったユーザーに対してインセンティブを支払うというものだ。この実証実験で、将来ＥＶが大量普及した際の調整力の予測が可能となり、今後のビジネスモデルの評価に重要な指標を得ることを期待しているという。

これらの取り組みは、顧客にとってみればＥＶを活用してお金を稼げるのだからＥＶの購入コストの引き下げというメリットとなる。つまり、本ビジネスモデルを確立することは今後のＥＶの価格優位性を築き上げることにつながるのである。

第4章

EVシフト実現に向けた課題とビジネスチャンス

今まで見てきたように様々な思惑があるものの、政府や自動車メーカーはEVシフトを進めようとしている。車の構造から燃料まで大きく転換していくEVシフトは、自動車業界の構造変化を引き起こし、周辺業界にも大きなインパクトを与える。また急すぎるEVシフトは業界のエコシステムに大きな歪《ひず》みを与えることになる。そこで本章ではEVシフトのインパクトとビジネスチャンスを議論していく。

水平分業化が進む自動車産業

◉従来車メーカーのホラーシナリオ

自動車業界の構造は、よくピラミッド構造にたとえられる。自動車メーカーを頂点として、そこにモジュールを供給するTier1サプライヤー、Tier1サプライヤーに部品を供給するTier2サプライヤーと階層構造になっており、裾野が大きく広がっている。

クルマづくりのコア技術はエンジンであり、ほとんどの自動車メーカーはこのエンジンを社内開発し内製している。このエンジンに対して自動車部品メーカーに「すり合わせ」を求めたり、また自動車全体の性能（安全性能・走行性能・燃費など）を実現するために自動車部品メーカーに要求を出したりすることで、自動車メーカーは開発上のイニシアチブを持っている。

ところがEVではエンジンとトランスミッションがなくなってしまうため、これらを起点とした技術的すり合わせによる開発イニシアチブは消滅する。自動車全体性能の観点から部品サプライヤーに対し開発イニシアチブを発揮することにはなるものの、業界の統率力は弱まる。またモーター・インバーター・電池というコア部品はTier1サプライヤーが提供できるので、乱暴なことを言えば、誰でも部品を買ってくれば自動車を作れる状態ができる。

自動車メーカーは最適な部品を調達してきて組み立てるだけの役割に縮小していくことになる。その結果、自動車メーカーからコア技術を提供する部品サプライヤーに付加価値が移行する。これがいわゆる自動車産業の水平分業化であり、従来車メーカーにとってのホラーシナリオだ。

この水平分業化は他業界でも実際に起こっており、絵空事ではない。たとえばコンピュータ、携帯電話、時計業界などが有名だ。コンピュータではＩＢＭからマイクロソフト・インテル連合にパワーシフトが起こった。

◉水平分業化の３つのステージ

産業構造の水平分業化は３つのステージでとらえるとわかりやすい。

第１ステージは水平分業に向けたトリガーが引かれる段階だ。従来品に対して、新たな製品が登場し、それをきっかけにゲームチェンジが起きる。たとえばコンピュータ業界では、メインフレーム（汎用大型コンピュータ）が主流の時代に、パーソナルコンピュータ（ＰＣ）が登場した。業界のリーダーであったＩＢＭはそれまでの自前主義の開発方針では戦いきれないと判断し、ソースコードのオープン化に踏み切った。

第２ステージは水平分業が拡大される段階であり、専業メーカーによる中核部品の規格化・標準化が促進される。この過程を通じて、専業メーカーは中核部品の技術開発や販売における業界内での主導権を獲得する。ＰＣ業界における中核部品としてはＣＰＵのインテルとＯＳのマイクロソフトがこれに当たる。

第３ステージは水平分業が一般化される段階であり、中核部品の規格化・標準化が浸透し、これを活用して他業界からの新規参入が活発化する。この頃になると、中核部品メーカーの生産量が圧倒的となってしまうため、既存メーカーはコスト競争の面から中核部品の内製をあきらめ、外部調達せざるを得なくなる。

◉ＥＶシフトによる水平分業化のプロセス

それではＥＶシフトによる水平分業化はどのように進むのだろうか。

第１ステージは、ＥＶシフトによる差別化要因の変化だ。従来車では、①「デザイン」、②加速性能や走安性能などの「走行性」、③燃費に代表される「経済性」がコアバリュー（中心的な価値）を担ってきた。

ＥＶでは、①「デザイン」は依然として差別化要因になり得る（特にプレミアムセグメント）が、②「走行性」は3つのコア部品が外部調達可能であることを考えると競合間であまり差がなくなる。一方で、③「経済性」がコアバリューとして重要度を上げる（特にマスセグメント）ことになろう。そのためには電池のコスト競争力がカギを握ることになる。

第2ステージは、中核部品である電池の規格・標準化だ。ＬＩＢはまだ性能改善が可能であるため、規格・標準化は難しいという議論をよく聞く。しかしこの考え方は非常に危険だ。なぜならＥＶの競争要件は価格・コストであり、走行性は相対的に重要度が低下するからだ。電池コストを下げるために、コモディティ化を待たず、規格・標準化は起こるはずだ。逆に標準セルサイズができあがった中で、性能競争が繰り広げられるというのは道理にかなっている。

第3ステージは、新規参入者の増加と中核部品メーカーへのバリューシフトだ。電池をはじめとする中核部品を外部調達できるため、自動車としてまとめる能力を確保できれば、誰でもＥＶを作れるようになる。他業界の高級ブランドが独自のコンセプトで車をデザインし、エレクトロニクス業界で言う「ＥＭＳ」的な自動車組立企業に生産委託するというようなことも起こるだろう。新規参入企業は生産台数が非常に少ないため、コスト競争力を維持するためにも中核部品には必ず標準電池を使う。ただ企業数は多いので標準電池の生産規模は膨れ上がり、最終的には圧倒的なコスト競争力を持つことになる。垂直統合を決め込んでいた自動車メーカーも標準品を買わざるを得なくなり、水平分業化が完了する。

◉水平分業化は「すでに起こった未来」

すでに自動車メーカーではない企業が参入して電動車を作ることが可能となっており、今まで議論してきた水平分業化は「すでに起こった未来」となっている。

Coda Automotive は、自動車生産のファブレス化の例として興味深い。ＥＶのコア部品であるモーター、インバーターは UQM Technologies から、電池は中国 Lishen と合弁会社を立ち上げて調達し、中国自動車メーカーである Hafei に自動車の生産委託を行うことで、ＥＶを生産した。

同社はマーケティング・ブランド・販売チャネル機能に特化した。

自動車部品業界に対するインパクト

◉消える部品・増える部品

数年前まで電動化の中心はHEVであったため、従来の自動車部品メーカーにとっては、そのインパクトはさほど大きくなかった。というのも、HEVではモーター、インバーター、電池などの電動部品が追加される一方で、内燃機関は残したままだったからだ。ところが今回焦点となっているEVでは、車からエンジンやトランスミッションが完全に消失するため、従来の部品メーカーにネガティブインパクトを与えることになる。そのインパクトは、エンジンやトランスミッション本体にとどまらず関連部品にも及ぶ。たとえば、吸排気系部品・燃料供給系部品や、エンジンやトランスミッションを制御する電子部品などである。これらの部品は自動車部品の約40％に相当するため、非常に大きなインパクトとなる。

図表4-1　電動化による従来部品への影響

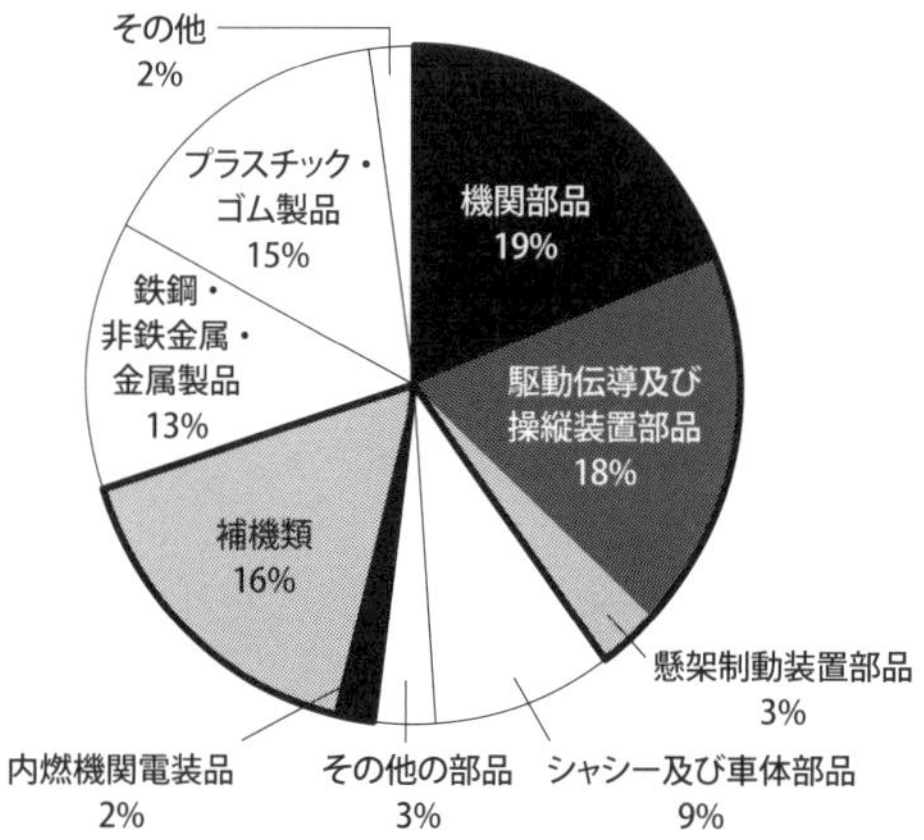

注）太線で表示した部分は電動化によるインパクトがある部品。濃さはインパクトの度合いを表す。
出典：「日本の自動車部品産業2016」を基に野村総合研究所作成

またエンジンの動力を使っていた部品が電動化されるというインパクトもある。たとえばエアコンのコンプレッサーは、動力をエンジンからベルトを通じてもらっていた。しかし、EVになればエンジンがなくなるため、従来のコンプレッサーは使えず、電動コンプレッサーに置き換わることになる。

逆にEVシフトにより増える部品もある。代表格はモーター、インバーター、バッテリーの「三種の神器」だ。そのほかにDC／DCコンバーター、車載充電器、ワイヤーハーネスなどの部品が必要となる。

◉コア技術に関する協業関係の変化

電動車のコア技術はモーター、インバーター、電池である。自動車メーカーは、これらの技術をしっかり手の内化した上で内外製方針を決定している。

ＥＶシフトが加速し、電動車市場が急拡大していることから、自動車メーカーは内外製方針を見直しており、協業関係が変化してきている。電池については後ほど詳しく述べるので、ここではモーターに関する協業関係の変化を見たい。

モーターはこれまで自動車メーカーが内製する例が多かったが、最近では外部の専業メーカーと協業するケースが見られるようになってきた。近年の４つのケースをレビューしてみる。

ＧＭは２０１５年にＬＧエレクトロニクスとBolt（ＥＶ）向けの駆動ユニットに関して戦略的提携を実施した。ＧＭはモーター設計を担当することで開発のイニシアチブを握りつつ、量産開発はＬＧエレクトロニクスのリソースを活用する分担とした。

ホンダは今までモーターを内製していたが方針を転換し、２０１７年7月に日立オートモティブと駆動用モーターの合弁会社「日立オートモティブ電動機システムズ株式会社」を設立した。合弁会社設立前の会見で、日立オートモティブ関秀明社長が「ホンダからは外販を手掛けて、モーターの競争力を高めてほしいと言われている」と発言している通り、ホンダの狙いの１つはスケールメリットの享受によるコスト競争力強化だ。また自動車と

影響内容
HEV化：ダウンサイジングにより気筒数・バルブ数が減少 EV化：エンジン不要
樹脂（PA）へ素材変更
HEV化＆EV化：トランスミッション等不要 （ただし高速走行の場合、現状はモータートルクが小さく、加速性能を補うため、変速機構は必要とされる場合あり）
HEV化＆EV化：ブレーキ部品の材料変更 （回生ブレーキの場合、負荷が減少するため、ブレーキ商品が樹脂製品などの軽量材料に変化することが想定）
ハイテン⇒アルミ板へ素材変更（将来は樹脂化）
樹脂化（PP等）
EV化：エンジンとともに不要に
HEV化＆EV化：新たに搭載 HEV化＆EV化：急速な充放電に対応する必要からLIBへの代替が必要
現在はリアランプなどでLEDを採用。今後はヘッドランプへの普及が予想 ハロゲンなど⇒LEDへの素材変更

図表4-2　EVシフトによる従来部品への影響

	従来部品への影響 ※新規搭載の影響は含まず		対象部品 ▼次世代自動車で不要となる部品 ○次世代自動車で新たに搭載される部品 ◇軽量化等の影響で変更となる部品
エンジン部品	6,900	0	▼エンジン、給油系部品 ◇インテークマニホールド ◇シリンダーカバー等
駆動・伝達及び操縦部品	5,700	3,600	▼トランスミッション（T/M）ケース ▼T/Mギア、ステアリングジョイント ▼オイルポンプ部品
懸架・制動部品	4,500	4,500	◇ブレーキ部品
車体部品	4,500	4,500	◇ボディ外板 ◇バックドア・サンルーフ等
電装品・電子部品	3,000	900	▼エンジン制御装置 ▼スパークプラグ等 ○モーター・コントロールユニット ○電池・インバーター
その他	5,400	5,400	◇ヘッドランプ、リアランプ
	EV化前	EV化後	

出典：「素形材産業ビジョン 追補版」（平成22年6月 素形材産業ビジョン検討会）をもとに
野村総合研究所作成

しての完成度を高める開発に注力するため、モーター開発は外部を活用したい、日立の持つモーター技術とのシナジーを発揮したい、という狙いがある。

ＰＳＡは２０１８年春に日本電産とＥＶ用駆動モーターの合弁会社を設立する予定である。やはり開発効率の最大化と、外販を前提としたスケールメリットの享受を狙っている。

自動車メーカーは、技術の囲い込み、開発リソースの最適活用、コスト競争力強化（量産数量の確保）といった視点で内外製方針を見直しており、その結果起きている外部専門メーカーとの協業の動きは、まさに「水平分業化」の兆しに見える。

電池業界に与えるインパクト

◉急激に拡大する電動車市場

ここで市場動向についておさらいしつつ、仮定を置きながら将来の市場について定量的にとらえてみる。

米・欧・中の政府は2030〜2040年にかけて従来車との決別を宣言し、日・米・欧の主要自動車メーカーは、おおまかに言えば2025年に販売台数の2〜3割を電動車にする計画（電動化計画）を打ち出している。すべてのOEMが計画を達成できるわけではないので、実現されるという前提を置くのは楽観的だが、ホラーシナリオを考える上では非常に意味がある。

まず電動車市場の規模から見てみよう。我々の試算では、2025年の世界電動車市場は約1800万台、うちEVは約700万台となった。同年の世界乗用車市場を約1億

図表4-3　拡大する電動車市場

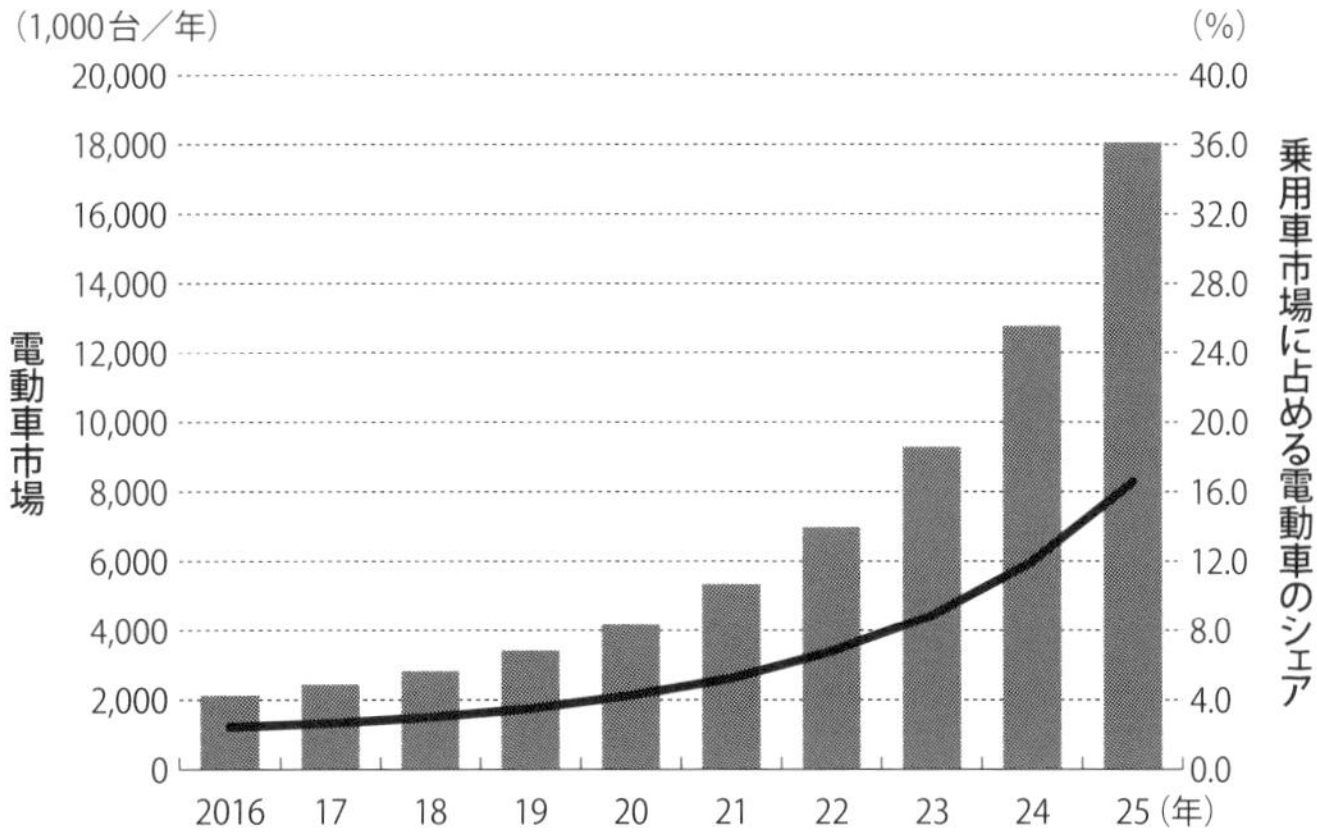

出典：野村総合研究所

1000万台と見込んでいるため、電動車比率は17％である。

◉異次元の生産能力増加が必要となるLIB業界

この電動車市場の急拡大をLIB業界の視点で捉え直してみる。

1991年に立ち上がったLIB市場は、2016年には乗用車用途も合わせて68GWh／年、約2・6兆円の市場に成長した。業界の設備能力は平均で年産2・7GWhずつ増加してきた。

しかし、さきほど試算した「楽観的な」電動車市場予測をベースにすると、民生用と乗用車用を合わせた2025年のLIB市場はエネルギー容量ベースで約7倍の480GWh／年となる。今ま

図表４−４　LIB市場の成長

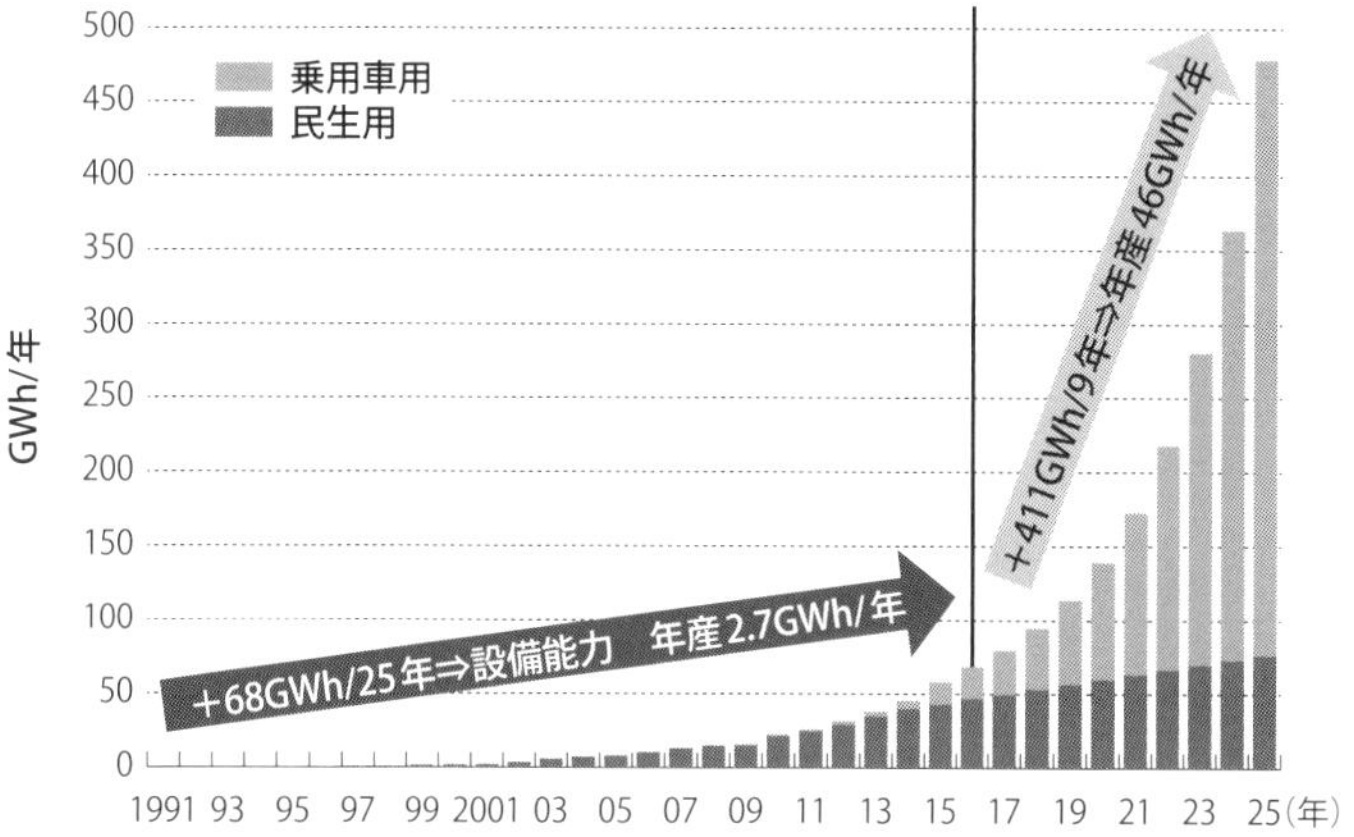

出典：野村総合研究所

では比べものにならないスピードで需要が拡大するため、設備能力は今までの約17倍に相当する年産46ＧＷｈずつ増加させねばならない。２０２５年のＬＩＢ需要をまかなう生産設備を準備するには莫大な投資が必要で、ざっくり見積もって約４兆〜５兆円必要だ。

一般的に、このような市場成長期には新規参入者が現れ、それぞれが設備投資を行うことで、供給能力が保たれる。現在、日本・韓国の電池メーカーは出揃っており、ここで新規参入者が現れることは考えにくい。主な新規参入者は中国のＬＩＢメーカーである。

しかし今回はこのような常識が通用しないかもしれない。というのも、特に先進国系の自動車メーカーは安全性の問題で新規参入者のＬＩＢをすぐに採用することには躊躇するからである。ＥＶにはスマホ３０００台分以上の電池が搭載されるのだ。近年中国のＬＩＢサプライヤーが自動車用途向けＬＩＢの供給量を伸ばしてきているが、あくまで中国国内向けであり（特許の問題もある）、現時点で市場拡大分の担い手になれるサプライヤーはほとんどいない。中国サプライヤーとしては唯一ＣＡＴＬ（Contemporary Amperex Technology）が先進国の自動車メーカーから実力を評価されているくらいである。

よって、実績のある大手ＬＩＢサプライヤーであるサムスンＳＤＩ、ＬＧ化学、パナソニックなどにＬＩＢ需要が集中する可能性が高い。この際に、電池メーカー側の設備投資負担の増大や、工場設立のための人的リソース不足が律速となって、ＬＩＢの需給がひっ迫することが懸念される。

◉中国政府による電池産業保護

ＥＶ市場は中国が最大であるが、その中国には自国の電池産業を保護する政策がある。政府が認定したリストにあるＬＩＢメーカーからＬＩＢを購入した場合に限って、ＥＶ購入時に補助金を支給するというものだ。俗に「ホワイトリスト」と呼ばれるこのリストには中国のＬＩＢメーカーしか掲載されておらず、中国にＬＩＢ生産工場を設立したサムスン、ＬＧ、パナソニックの名前はない。

第2章で説明したが、補助金は多ければ約200万円である。よって自動車メーカーは補助金の支給なしでは戦えないため、中国メーカーからLIBを購入するしかない。中国政府は2020年には補助金政策を中止すると宣言しているため、あと数年の影響ということになるが、二の矢・三の矢の政策が作られる可能性もあるため、海外のLIBメーカーはまったく楽観視していない。むしろ海外のLIBメーカーからは「中国ではビジネスができない」と悲観的に受け止めている声が聞かれる。

このような状況なので、中国市場に限って言えば、自動車メーカーはLIBのビッグ3ではない電池メーカーからの電池調達を検討しなければならなくなっている。

中国LIBメーカーは国内のEV用LIB市場でしっかりスケールメリットを享受した上で、世界で戦っていけるというアドバンテージを握っている。このため中国LIBメーカーが自動車メーカーとタイアップしてしっかりした技術力を身につけると、既存のLIBメーカーにとっては大きな脅威となる。

実際に、中国CATL社はBMWとの共同開発の過程でしっかり実力をつけビッグ3に引けを取らない実力となったため、名だたる自動車メーカーからの引き合いが後を絶たない。彼らは2020年までに50GWh／年の生産能力を持つ計画であり、業界勢力図が変わるほどのインパクトを残す可能性がある。

逆に中国のLIBメーカーが育たなければ、いよいよLIBの需給はひっ迫することになる。

◉内外製方針を見直す自動車メーカー

このような状況を勘案して、自動車メーカーは電池調達戦略の見直しに迫られている。大きくは2つの方向性となる。

①ＥＶシフトが急速に進みボリュームも大きくなるし、安定調達もままならなくなるので、外部調達にまかせず内製あるいは電池メーカーと提携すべき、という方針

②複数のＬＩＢメーカーを競わせてなるべく安価なＬＩＢを調達すべき、という方針

もちろん勢力図の変化も考慮に入れる必要がある。

トヨタは①だ。トヨタとパナソニックはＰＥＶＥ（現Primearth EV Energy、旧Panasonic EV Energy）という合弁会社を設立しつながりがあったが、２０１７年12月にはさらに踏み込んでパナソニックと角形ＬＩＢで協業を検討する発表を行った。

ダイムラーも①であるが若干狙いが異なっている。「ＰＨＥＶ／ＥＶにおける成功の鍵は、品質・安全性を担保するためのＬＩＢの内製化である」という考えで、積極的な工場投資を行ってきた。ＶＷはどちらかというと②だ。既存ＬＩＢメーカーと協力して、中国

図表4-5　自動車メーカーと電池メーカーの関係

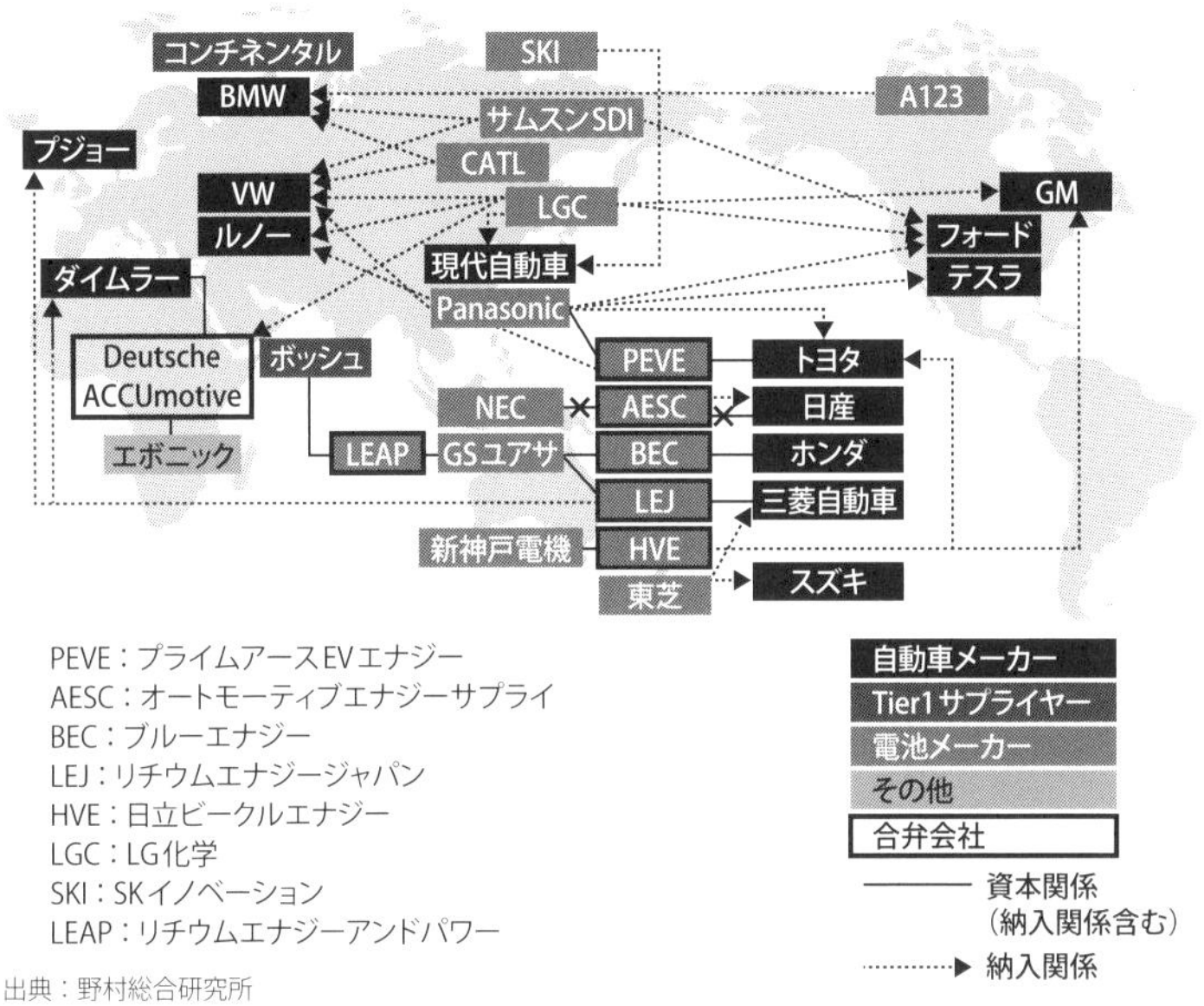

出典：野村総合研究所

で電池工場を設立するが、欧州では外部調達をする方針のようだ。

日産自動車は②である。合弁LIBメーカーであるオートモーティブエナジーサプライ（AESC）を2017年に中国のGSRキャピタル社に売却し、外部調達電池メーカー間の競争を促して調達コストを削減する意向である。

ここで注意したいのは、自動車メーカーは新ユニット開発では通常Tier1サプライヤーと共同開発するのだが、LIBに関してはTier1をとばして直接電池メーカーと合弁会社を設立し

積層／捲回	電池組立（ケース挿入・溶接）	注液	充放電／エージング
皆藤製作所	片岡製作所	CKD	片岡製作所
CKD	キヤノンマシナリー	長野オートメーション	東洋システム
日立ハイテクノロジーズ	長野オートメーション	日立ハイテクノロジーズ	エスペック
	アマダミヤチ		住友重機械
	日本アビオニクス		

画像提供:皆藤製作所

図表４-６　各電池製造工程における設備メーカー一覧

工程	調合 攪拌	塗工 プレス 乾燥	裁断 （スリット）
代表的な設備メーカー	井上製作所 プライミクス 浅田鉄工	ヒラノテクシード 東レエンジニアリング テクノスマート	東レエンジニアリング 西村製作所 萩原工業 ゴードーキコー

装置イメージ

画像提供:萩原工業

出典：野村総合研究所

ている点である。このままではTier1サプライヤーが中抜きされる構図となる。そこでTier1サプライヤーも電池メーカーと合弁会社を設立し技術の手の内化を図っている。たとえばボッシュとGSユアサはLEAP（Lithium Energy and Power）、デンソーは東芝・スズキとインドで電池パック製造の合弁会社を設立した。

自動車メーカーと電池メーカーが協業関係を構築していく中で、今後ボッシュやデンソーなどのTier1はどのように事業を展開していくのかという点も注目される。

◉鍵を握るのは電池の製造設備？

あまり注目されていないが、LIBの製造設備こそがLIB供給の律速要因になるのではないかと筆者は懸念している。

韓国や中国にもLIBの製造設備メーカーは存在するのだが、日本製の製造設備が最も高性能であるため、高グレードのLIB生産では、日本製が採用されていると言われている。製造設備メーカーはノウハウのかたまりであり、企業体力的な課題も手伝って、生産能力を急激に大きくすることは容易ではないと思われる。

素材・材料業界に対するインパクト

◉「兵站線」を機軸とした電池材料業界の再編

前節でEVシフトが電池業界に与えるインパクトについて議論したが、その上流の材料業界にもインパクトが波及する。

自動車メーカーは電池メーカーとの協業体制を作ることで電池の安定調達の準備が終わるわけではない。サプライチェーンを遡り、協業先の電池メーカーの電池材料確保や、電池材料に使う資源確保まで確認してはじめて磐石の体制となるのである。

すなわち電池メーカーは取引する材料メーカーを「兵站線の強さ（供給能力、工場立地など）」という視点で見直す必要が生じる。その結果、電池材料メーカーの勢力図が変わってくるのである。

ＬＩＢは、正極活物質、負極活物質、セパレーター、電解液という主に4つの材料から

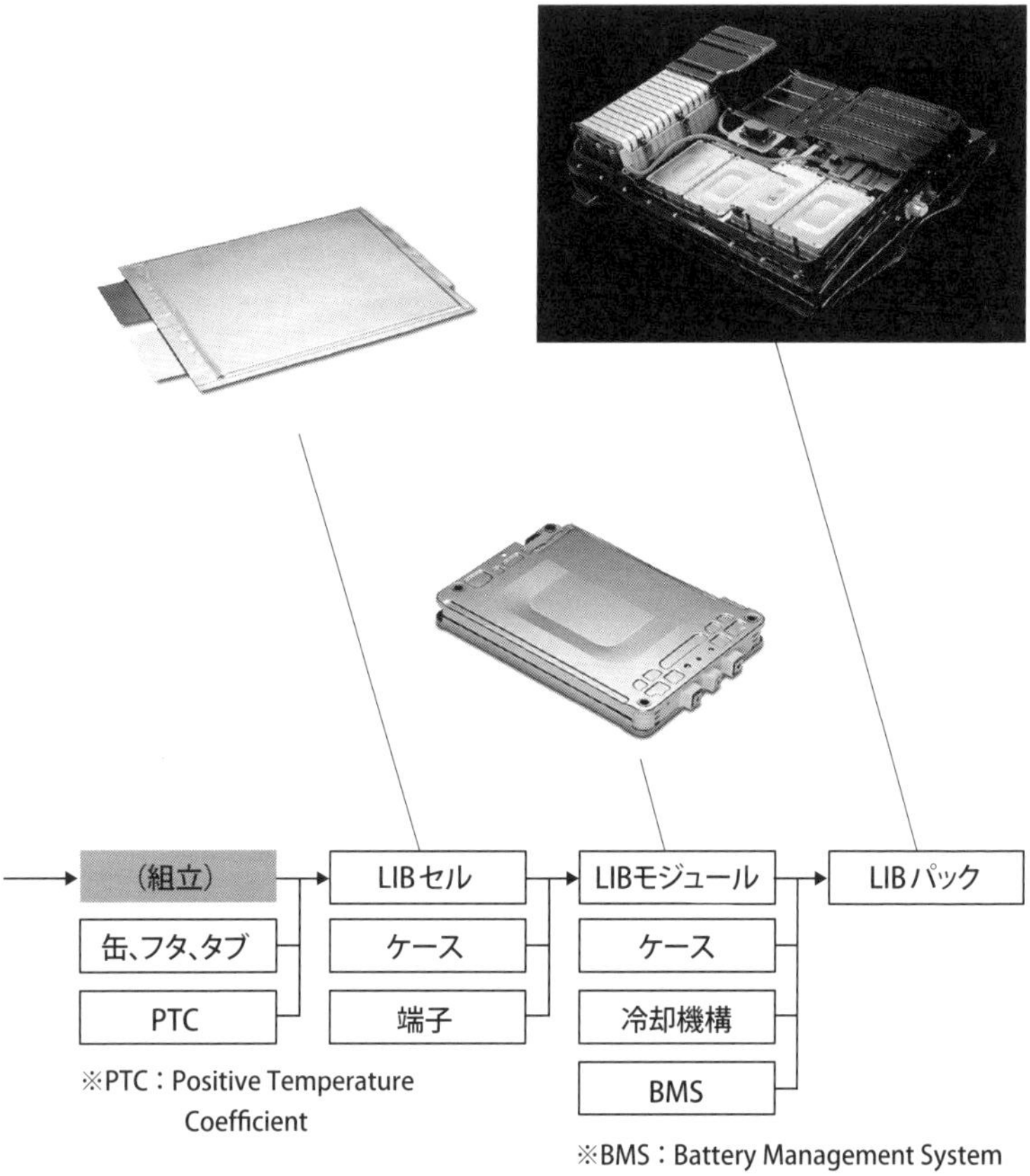

画像出典：日産自動車ニュースルーム

図表4-7　LIBのサプライチェーン

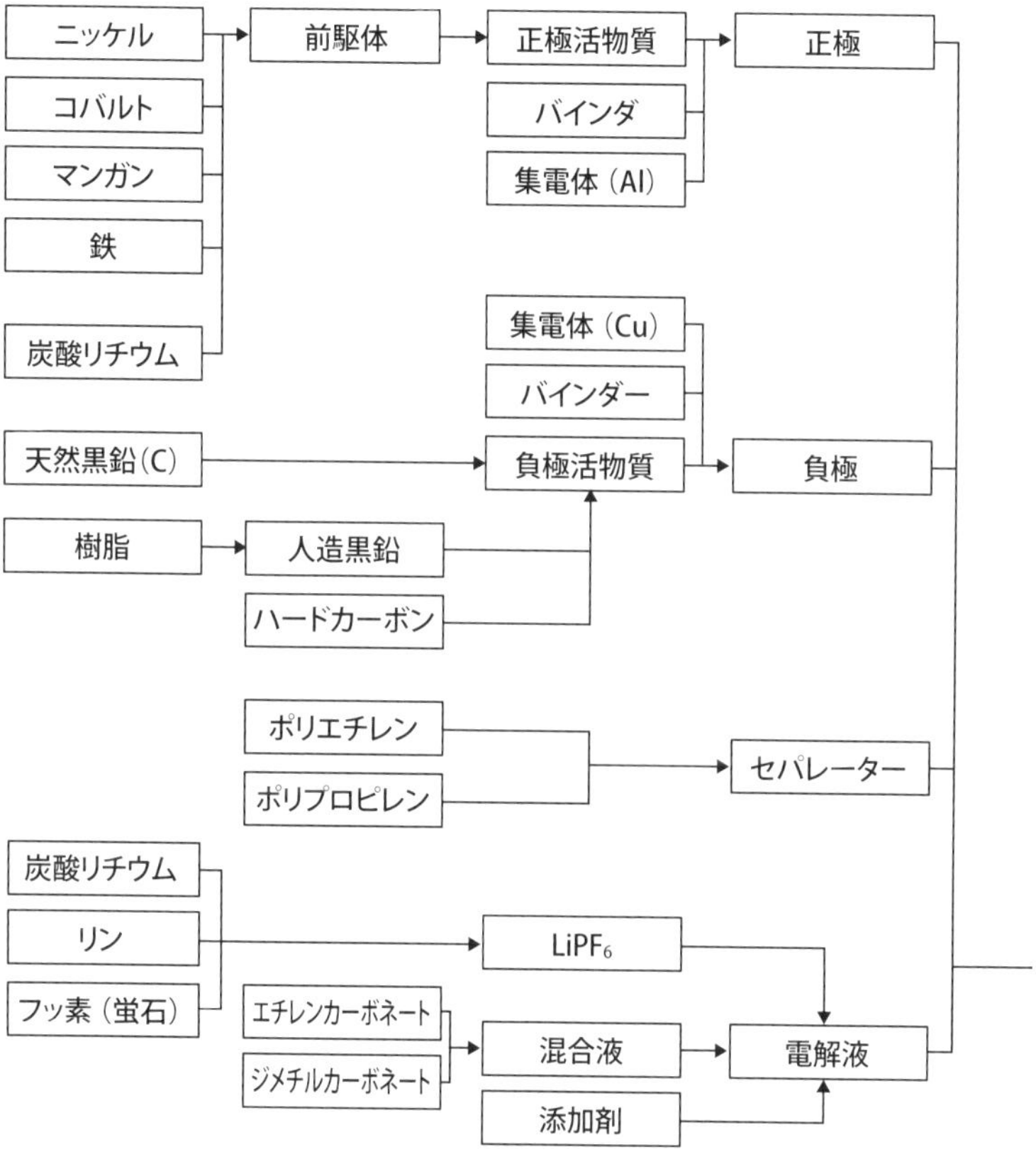

構成されている。ＬＩＢは日本で実用化されたが、これを支えたのは日本の材料メーカーであった。しかし今後ＥＶ市場が拡大し、グローバルに市場が広がっていくと、生産能力や納入体制の重要度が高まる。このため中国をはじめとする新興国化学メーカーの新規参入、グローバル大手化学メーカーによる提携・買収などにより、電池材料業界のプレイヤーが変わっていく。

たとえば独ＢＡＳＦは、正極材料メーカーの戸田工業と２０１５年に合弁会社「ＢＡＳＦ戸田バッテリーマテリアルズ合同会社」を設立した。また電解液メーカーである宇部興産は米ダウケミカル社と２０１１年12月に合弁会社「アドバンスド・エレクトロライト・テクノロジーズ社」を設立した（２０１５年１月に宇部興産が子会社化）。セパレーターメーカーである旭化成はウェットタイプと呼ばれるセパレーターを生産していたが、もう１つのドライタイプのセパレーターを生産していた米Polypore社を買収し、セパレーターの技術対応力向上、エリア対応力向上、市場支配力の向上を実現した。このような材料メーカー間の買収・提携が行われながら業界が再編されていくものと考えられる。

また、資源確保の問題も電池材料業界にインパクトを与える。ＬＩＢ材料について、資源面から言うと、正極活物質ではリチウム、コバルト、ニッケル、マンガンといったレアメタルを使用、負極活物質では黒鉛、電解液の成分の１つである電解質にはリチウム、リン、フッ素が使われている。このうち、最近話題となっているのはコバルトだ。

たとえばVWは２０２５年までにEV向けに１５０GWhを超えるLIBが必要との見通しを立てており、そのためのコバルト確保が必要な状況にある。まず同社は２０１７年７月に、CATL社を通じて、コバルト生産大手のGlencore社から最大２万tのコバルトを確保した。さらに２０１７年９月、コバルトの長期供給確保を目指し、最低５年間は固定価格での供給を確保することを約束した入札を実施した。しかし、EVシフトを見越してコバルト価格は２０１７年から急騰しており、年初から見ると2倍の値がついている。そのような状況でVWは市場価格水準を大幅に下回る価格を示唆したため応札者が現れなかった。

このように資源確保では各社苦労しており、自動車メーカーや電池メーカーの資源確保の巧拙が電池材料メーカーの業績を左右する、すなわち勢力図を変えてしまう恐れがある。

コバルトについては他の問題もある。世界のコバルト生産の約50％はコンゴ民主共和国で行われているが、その採掘に児童労働や危険有害労働が関与していることが国際人権NGOアムネスティ・インターナショナルからレポートされている。テスラは、サプライチェーン上の問題を理由に電池原料を北米から調達する方針を２０１４年に示した。このような動きは正極材料メーカーから見れば、どこからコバルトを買っているかということが取引条件になることを意味しており、取引先の見直しにつながっていくのである。

◉軽量化材料の採用拡大

自動車部品の変化が、そのままダイレクトに材料業界へのインパクトにつながることは言うまでもないが、ＥＶでは高価な軽量化技術が採用される可能性があることを指摘しておきたい。車の燃費は車両重量と高い相関関係があり、１００kgの軽量化で１km／ℓの燃費が向上すると言われている。ＥＶでは航続距離の短さが課題になっている。本来、航続距離を延ばすためには電池を大量に搭載すれば済むのだが、電池コストが高いので、非常に高価なクルマになってしまう。すなわち航続距離の延長を実現するためにかかる電池コストと軽量化コストとの比較になる。ＥＶでは、エンジンという高温部品が車内からなくなるため、樹脂化を進めやすい環境にあるといえる。ほかにも、図表４‐２に示したが、ブレーキ部品では回生ブレーキにより負荷が減少することで、熱の問題が緩和されるため、樹脂化が進む可能性もある。

ただ、このような先進材料の採用はコスト高に陥る。欧州系ＯＥＭは、ＥＶを核に先進さをアピールしたプレミアムブランドを立ち上げて対応している。たとえばＢＭＷは「BMW i」を立ち上げ、「i３」では構造材にＣＦＲＰを採用、メルセデス・ベンツは「ＥＱ」を立ち上げ、コンセプト車ではプラットフォームに、スチール、アルミ、カーボンファイバーを混成している。今後は、ＥＶが最先端の軽量化材料の登竜門となるのではないか。

電力業界に対するインパクト

◉日本の乗用車がすべてＥＶになったら電力は足りるのか？

２０１６年の日本のピーク時の電力供給能力は約１７４ＧＷである。このピーク電力供給の状態で、１年間＝８７６０時間発電した場合の電力量が、日本の年間最大供給可能電力量となるが、計算すると１５００ＴＷｈとなる。２０１６年の日本における年間電力量供給実績は約８００ＴＷｈであった。よって現時点でＥＶに充電できる年間最大電力量は差し引いて７００ＴＷｈとなる。

さて一方で、一般財団法人自動車検査登録情報協会によれば、２０１７年9月末における日本の乗用車（軽自動車含む）保有台数は約６２００万台である。この乗用車がすべてＥＶになったとしたら、既存の電力インフラによって、電気の供給は可能なのだろうか。

年間走行距離１万㎞、ＥＶの電費を７㎞／ｋＷｈという前提を置くと年間87ＴＷｈが必要となる。よって、計算上十分賄いきれることがわかる。

次に電力として賄いきれるのだろうか。日本の家庭用充電器の出力を３ｋＷ、急速充電の出力を１００ｋＷ、使用比率を家庭用95％、急速充電５％とすれば、１台当たり平均充電電力は７・９ｋＷということになる。よって一斉にＥＶが充電したとすると、必要な電力は約４９０ＧＷとなる。これは日本の電力供給能力１７４ＧＷの２・８倍になってしまい、賄いきれないことがわかる。

実際には、ＥＶが一斉に充電することはないため、これは乱暴な計算である。しかし、すべてのクルマをＥＶにするということは、電力供給能力上大きな問題になりそうだということはわかる。また、ＥＶ向けの電力供給という切り口で電力ビジネスを実施し大きなシェアを取れれば、電力業界のビッグプレイヤーになる可能性があることも示唆している。

◉ＥＶへの電力供給源は再生可能エネルギー

発電所を増設して、ＥＶ向けの電力を確保すれば問題は解決しそうであるが、そんなに単純ではないかもしれない。「コスト等検証委員会報告書」（２０１１年12月19日）によれば、原子力発電所は計画から稼働までに20年程度、火力発電所は10年程度必要とのことである（図表４－８）。すなわちＥＶシフトが急激に進むのであれば、10年前からこれを予測し準備を進めなければいけないのである。

また、原子力発電所についてはドイツをはじめとして導入を中止する国が多く、また火力発電所もCO_2削減の観点で先進国では増設を認めない国も少なくない。大型発電所の増設を前提とした電力インフラ整備は問題を抱えているのである。

一方で再生可能エネルギーは稼働までの時間が短く、CO_2削減対策にもなるため、増設する発電設備としては理想的である。しかし再生可能エネルギーは天気任せ、風任せの発電なので、発電電力が変動し、送配電網が不安定になるという問題がある。実際に、再生可能エネルギーからの発電電力を送配電網が受け取りきれず、せっかくの電気を捨てているという状況が現時点でも起こっている。

◉電力マネジメントがビジネスチャンスに

日本ですべての自動車をEV化して一斉に充電したと仮定した場合、電力量（kWh）は足りているが、電力（kW）は足りない状況になると述べた。したがって、電力マネジメント（電力の需給マッチング）がビジネスチャンスになる。

火力発電や太陽光発電などの発電設備に蓄電池を付設し、余分に発電した電力を貯め、需要が多いときに放電する。発電所に付設しなくても、送配電網や家庭・ビルなどの需要家側に蓄電池を設置して、電力供給が余っている時間に電力を貯め、需要が多いときに放電するという方法もある。また電力消費側が我慢するという方法もある。EVの充電タイ

電源	計画～稼働の期間	参考情報
地熱	9～13年程度	関連事業者へのインタビューによれば、机上検討、予備調査を除き①資源量調査（これまでNEDO等が一定程度まで実施）②許認可手続き・地元調整③建設（3～4年）を併せて9～13年程度。
陸上風力	4～5年程度	関連事業者へのインタビュー及びNEDO導入ガイドブック等より①風況調査②環境影響調査③電気事業法・建築基準法に係る手続き業務④建設工事⑤使用前安全管理検査を併せて4～5年程度。
洋上風力	—	実用化に至っていないため不明。
バイオマス（木質専焼）	3～4年程度	関連事業者へのインタビュー及びNEDO導入ガイドブック等によれば①環境影響評価、系統連係協議②廃掃法上の手続き業務③電気事業法・建築基準法に係る手続き業務④建設工事⑤使用前安全管理検査を併せて3～4年程度。
バイオマス（木質混焼）	1年半程度	関連事業者へのインタビューによれば、事業スキームの枠組み、設備検討、建設工事（7カ月～11カ月）で、計1年半程度。※既設石炭火力プラントへの増設のため工事計画届け等が不要。
石油火力	10年程度	1987年以降に運転開始した発電所（サンプルプラント、4基）について、工事着工からプラントの運転開始の年までの平均的な期間。
太陽光住宅（住宅用）	2～3カ月程度	契約手続き、補助金申請、設置工事、系統接続等を併せて2～3カ月程度。

出典：「コスト等検証委員会報告書」（2011年12月19日、エネルギー・環境会議 コスト等検証委員会）

図表4−8　コスト等検証委員会報告書

電源	計画〜稼働の期間	参考情報
原子力	20年程度	直近7年間に稼働した発電所（サンプルプラント、4基）についての、初号機の立地決定の表明から運転開始の年までの期間。新規電源開発地点として電源開発基本計画（H15年廃止）に組み入れられた年からプラントの運転開始の年までの平均的な期間は約8年程度。
石灰火力	10年程度	直近7年間に稼働した発電所（サンプルプラント、4基）についての、初号機の立地決定の表明から運転開始の年までの平均的な期間。新規電源開発地点として電源開発基本計画（H15年廃止）に組み入れられた年からプラントの運転開始の年までの平均的な期間は約7年程度。
LNG火力	10年程度	直近7年間に稼働した発電所（サンプルプラント、4基）についての、初号機の立地決定の表明から運転開始の年までの期間。新規電源開発地点として電源開発基本計画（H15年廃止）に組み入れられた年からプラントの運転開始の年までの平均的な期間は約6年程度。
一般水力	5年程度	直近7年間に稼働した発電所（サンプルプラント、4基）についての、立地決定の表明から運転開始の年までの期間。新規電源開発地点として電源開発基本計画（H15年廃止）に組み入れられた年からプラントの運転開始の年までの平均的な期間も同程度。
小水力	2〜3年程度	関連事業者へのインタビュー及びNEDO導入ガイドブック等により、①水利権使用許可申請②環境影響評価、系統連係協議③電気事業法・建築基準法に係る手続き業務④建設工事⑤使用前安全管理検査等を併せて2〜3年程度。 ※流量調査から必要な「新規設置」なのか、そのデータは既にあり使用可能なのか、地元地権者との交渉の要・不要及びそれに係る期間、環境調査の要・不要など、色々な要素があり一概には言えない点に留意。

ミングをずらす、もしくはＥＶへの充電電力を下げてゆっくり充電する、他の機器の電力消費を我慢してもらうといった方法がある。

これらの方法のいくつかでは電池を使うことになるが、第３節で述べた通り、新たな電池の調達が困難になる可能性もある。その場合には、廃車ＥＶから取り出した電池をリユースして蓄電システムを構築するなどの方策が考えられる。

情報・通信業界に対するインパクト

◉ＥＶ×ＩｏＴによるサービス機会

電動化の進展とＩｏＴの相互作用により、情報・通信業界においても新たな事業機会の創出が期待される。ここでは、車両、充電サービスの2つの観点で事業機会を考えてみる。

まず、ＥＶにＩｏＴを組み合せたサービスとして、既に日産をはじめとするＥＶメーカーから運転状況を可視化するサービスが提供されている。専用アプリをスマートフォンにインストールすると、リアルタイムでバッテリー残量や充電完了までの時間、航続可能な距離などを確認することができる。

今後は、取得・蓄積する情報の幅が拡がるため、さらに新たなサービスが提供される。メンテナンス、リース、社用車・物流車などでサービスが考えられている。

メンテナンスに関しては、累積稼働時間に応じた保守の実施や、ＧＰＳの活用による最適な保守店の割当などにより、ユーザーに保守オペレーションコストの削減というベネフィットを提供する。

リースに関しては、累積稼働時間に応じたリース料のチャージ、保険会社へのデータ販売、などのサービスが想定される。「使った分だけ払う」チャージ方式によって、ユーザー満足度の向上が期待される。

社用車・物流車に関しては、効率的な配車を実現するプラットフォーム（データベースと解析技術）を提供することにより、車両ストック台数の削減や車両稼働率の向上が期待される。

また、ＥＶにＩｏＴを組み合せたサービスは、今後、二輪車やバスなど乗用車以外の輸送機業界でも、導入が拡大していくと予想されている。たとえば、二輪車に関しては、ソフトバンクグループのＰＳソリューションズが、２０１６年より香川県小豆郡の豊島でＩｏＴを活用した電動バイクのレンタルサービスを始めている。同社では、観光客を対象にホンダの電動バイクを貸し出しており、バッテリーの残量や各車両の現在地、帰りの船に間に合うかどうかなどを「ＩｏＴで緩く見守る」サービスを提供している。

また、バスに関しては、日立製作所がＥＶバス運用管理システムを開発し、ＥＶバスの導入計画や路線検討、運行管理をサポートしている。具体的には、路線条件や車両仕様、ダイヤを基にした消費電力の予測や、各ＥＶバスの走行位置、バッテリー残量の遠隔監視を行っている。

◉充電×ＩｏＴによるサービス機会

ＥＶの普及で先行する中国では、ＥＶへの充電で問題が発生し始めている。「利用時の満足度」「充電時間の有効活用」「収益モデルの確立」である。

「利用時の満足度」とは、具体的に言うと「利用時に充電インフラが見つからない」「充電場所が占有されている」「認証操作がわずらわしい」などである。「充電時間の有効活用」とは、ユーザーが充電時に約30分間、車を停めている間、サービス事業者はその時間を有効に活用できていないという問題のことである。「収益モデルの確立」とは、中国は電力料金が安く、売電では十分な利益を確保できないという問題である。

これらの３つの問題をＩｏＴを活用して解決する取り組みが、中国では実際に行われている。ＢＭＷは充電ステーションを独自に約１５００カ所設置し、充電ステーションの探索から充電まで、ユーザーの負荷を軽減するサービスを提供している。このサービスは、２０１６年10月から日本でも導入されている。

「ChargeNow」と呼ばれるこのサービスでは、車内ナビゲーションシステム上や無料スマートフォンアプリ「ChargeNow App」で、全国の提携充電ステーションを地図上に表示したり、充電ステーションの詳細や、充電器ごとのリアルタイム満空情報を入手できたり

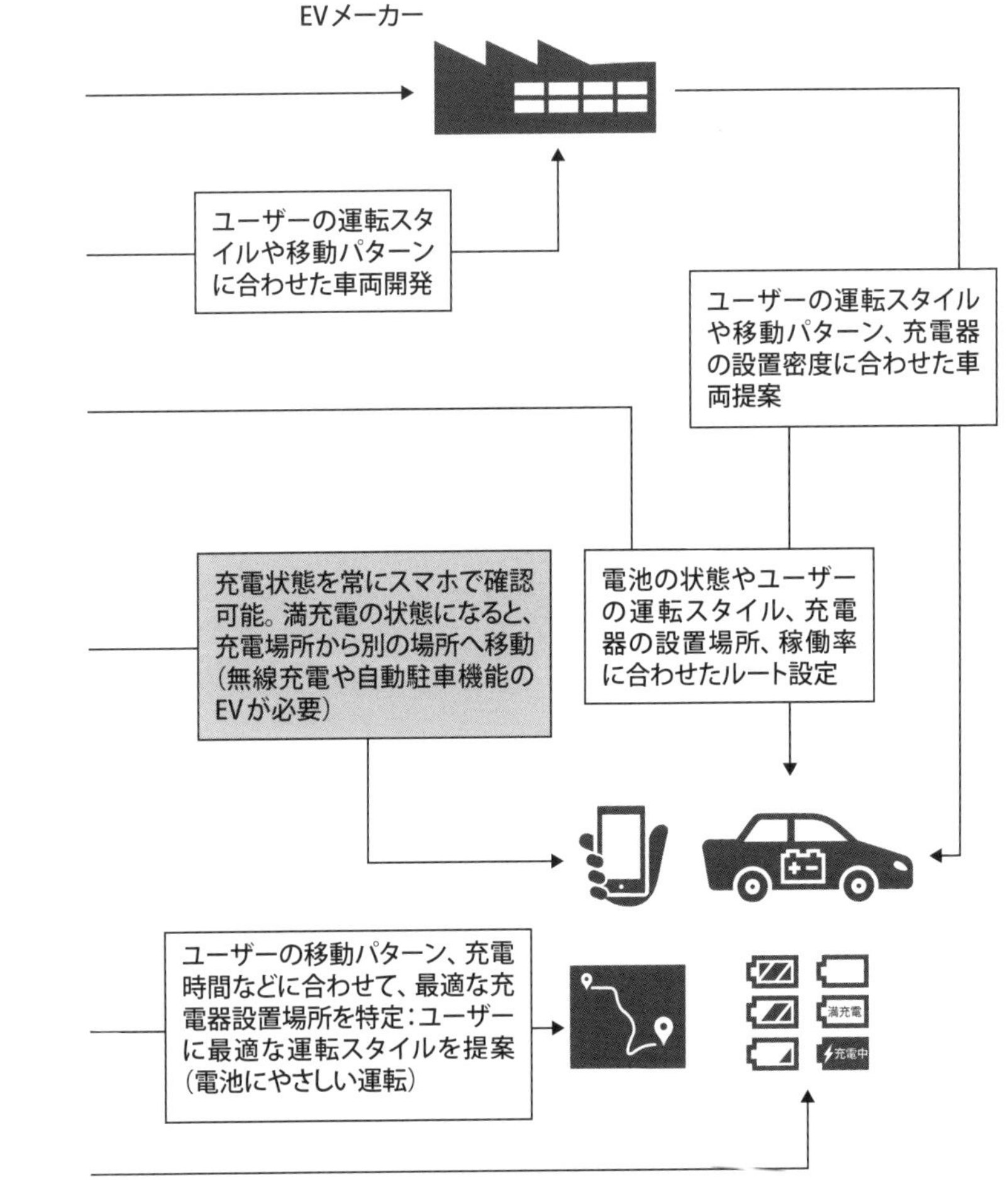
EVメーカー
ユーザーの運転スタイルや移動パターンに合わせた車両開発
ユーザーの運転スタイルや移動パターン、充電器の設置密度に合わせた車両提案
充電状態を常にスマホで確認可能。満充電の状態になると、充電場所から別の場所へ移動（無線充電や自動駐車機能のEVが必要）
電池の状態やユーザーの運転スタイル、充電器の設置場所、稼働率に合わせたルート設定
ユーザーの移動パターン、充電時間などに合わせて、最適な充電器設置場所を特定：ユーザーに最適な運転スタイルを提案（電池にやさしい運転）
満充電
充電中

図表4-9　中国充電サービス×IoTにより想定されるサービス

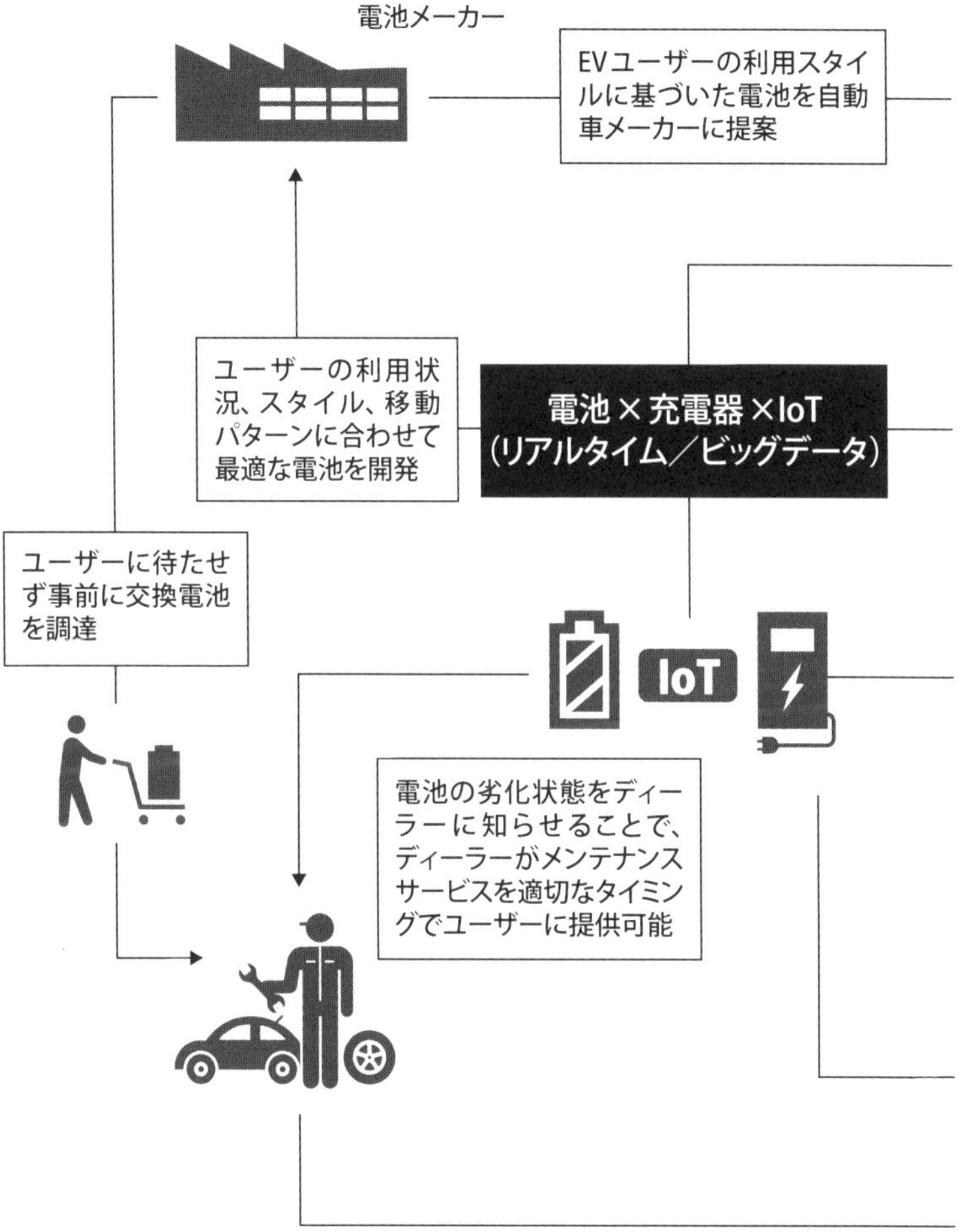

する。また、最寄りの充電ステーションの充電器の空き状況を手軽に確認することもできる。

このサービスの発展形として、電池メーカー、EVメーカー、ディーラー、ユーザーの各ステークホルダーに対して、図表4-9のようなサービス機会が創出されると想定される。

電池メーカーに対するサービス機会としては、ユーザーを待たせず、事前に交換電池を供給することが可能になる、ユーザーの利用状況・スタイル・移動パターンを開発にフィードバックして、最適な電池を開発することが可能になる、などが想定される。

EVメーカーに対するサービス機会としては、ユーザーの運転スタイルや移動パターン、充電器の設置密度に合わせた車両の提案が可能になる、ユーザーの移動パターン・充電時間などに合わせて、最適な充電器設置場所を特定し、ユーザーに最適な運転スタイル（電池にやさしい運転）を提案できるようになる、などが想定される。

ディーラーに対するサービス機会としては、電池の劣化状態をディーラーに知らせることで、ディーラーがメンテナンスサービスを適切なタイミングでユーザーに提供することが可能になる、などが想定される。

ユーザーに対するサービス機会としては、充電状態が常にスマートフォンで確認可能となり、満充電の状態になると、充電場所から別の場所への移動（充電場所を空けてあげるという使い方も含む）が可能になる。ただし、無線充電や自動駐車機能のＥＶが必要である。ナビゲーションシステムで行き先を登録すると、電池の状態やユーザーの運転スタイル、充電器の設置場所、稼働率に合わせて、充電場所を含めた最適なルートが提示される、などが想定される。

第5章

これからクルマはどうなるのか?

前章で議論したように、EVシフトによるインパクトは自動車業界を越えて様々な業界へと波及していく。一方、自動車業界では、EVシフトの動きと並行して、自動運転・コネクテッドカー、シェアリングといったトレンドが進行している。本章では、電動化と他のトレンドが相互に影響を与えながら、次世代モビリティ社会への変革を推進していく絵姿を描いてみたい。

電動化がもたらす自動車産業のゲームチェンジ

◉3つの技術革新がゲームチェンジのトリガーとなる

１９０８年のT型フォードの発売以来、製造業の中心的存在であり続けてきた自動車産業は、「シェアリング」という利用形態の変化と、「自動運転・コネクテッドカー」「電動化」という技術革新により、１００年に一度の大きな変革期に突入しようとしている。ＥＶシフトによりクルマの電動化が進むと、それが変革のトリガーとなり、この自動車産業のゲームチェンジを加速させる可能性がある。

「電動化」と「自動運転・コネクテッドカー」、「シェアリングサービス」は相互補完関係にある。これらを統合した次世代モビリティ化が進むことで、自動車メーカーは、従来の「クルマをユーザーに販売する」というビジネスモデルから「移動サービスとしてのクルマの提供」、いわゆる「モビリティ・アズ・ア・サービス（MaaS）」へと転換を迫られることになる。

相互補完関係とは、具体的には、①「電動化」が進むと、自動運転技術を実装しやすくなる、②「電動化」が抱える課題を、自動運転やシェアリングが解決してくれる、ということだ。この2点については、次節以降で詳細に説明していきたい。

◉欧州自動車メーカーが提唱する「CASE戦略」

第3章では各社の電動化戦略について説明したが、各社の電動化戦略は、「電動化」のみではなく、実は「自動運転」や「コネクテッド」、「シェアリングサービス」といった言葉を含んだ文脈で語られることが多い。実際に欧州自動車メーカーなどを中心に、「CASE」戦略というものが提唱されている。「CASE」とは、『Connectivity（コネクテッドカー）』『Autonomous（自動運転）』『Shared & Service（シェアリングサービス）』『Electrification（電動化）』の頭文字をそれぞれとったもので、これらを包括的に統合した次世代モビリティを市場に投入していくことを計画している。

電動化戦略が他のトレンドとともに語られる理由は、「EVはそれ単体でユーザーに価値を訴求するだけではなく、むしろ他の技術・サービスとの組み合わせで価値が最大化される」ためだからである。

ユーザーの目線では、現状のEVは、①車両価格、②航続距離、③充電インフラの利便

図表5−1 「CASE」の概要

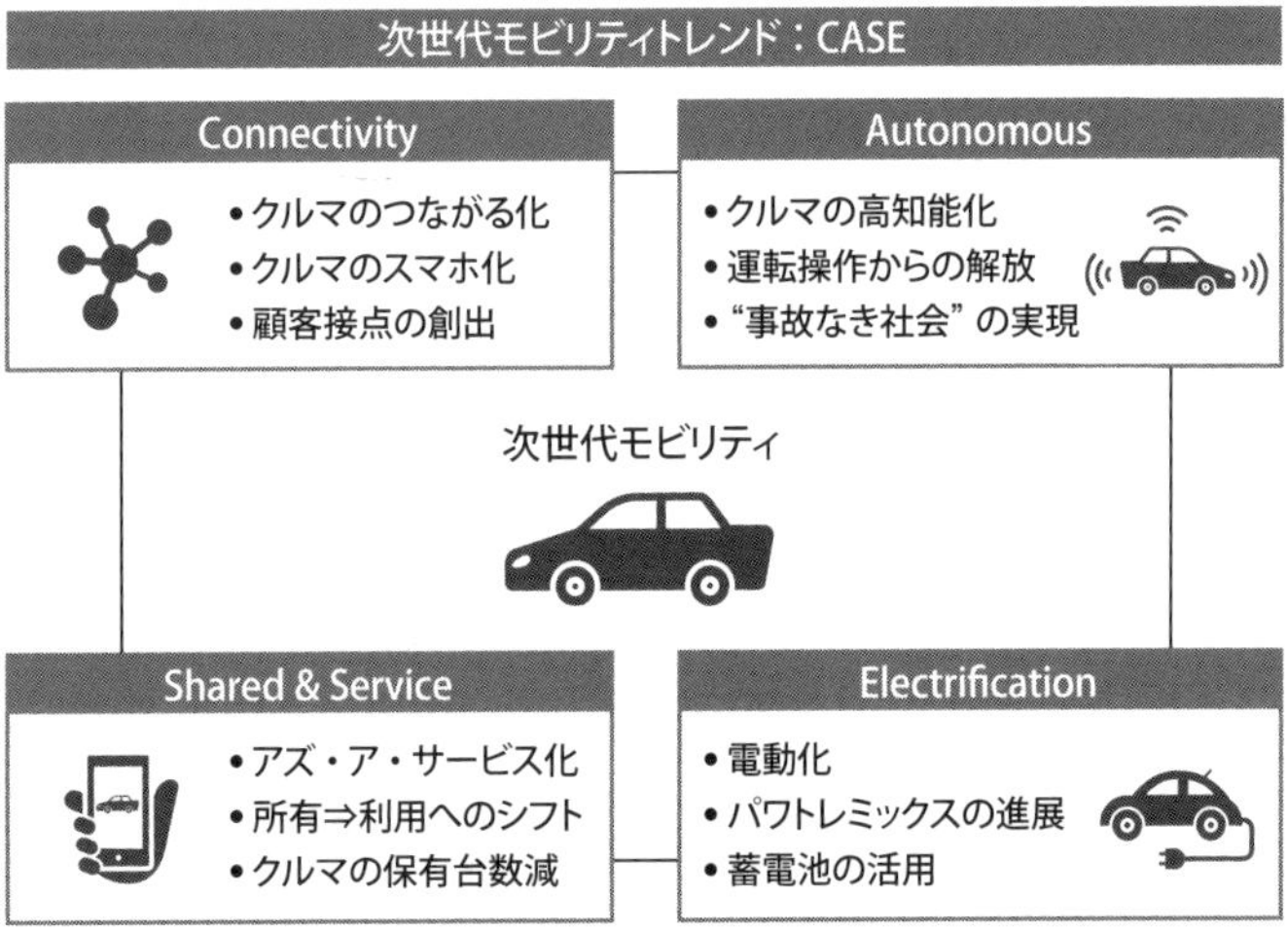

出典：野村総合研究所

性、の面から本当に魅力的なクルマになっていないというのが現状である。ＥＶはこうした課題が存在しているため、自動車メーカー各社はグローバルの環境規制対応に向け、急速なＥＶシフトを推進することを宣言しているものの、ユーザー側のＥＶに対する需要との間には未だ大きな隔たりがある。

　そこで自動運転・コネクテッドカーといった先進技術や、シェアリングサービスとの融合が普及に向けたカギを握ることになるのである。

◉成功した「テスラ」のマーケティング

ＥＶを事業として成立させている企業が1社ある。それは「テスラ」だ。テスラの「モデルＳ」は２０１２年の発売以降、順調に販売台数を伸ばしており、２０１６年には4万台以上を販売し、ＥＶではリーフに次ぐ2位の販売台数を誇る人気車種となっている。最低でも８００万円以上するような高級車にもかかわらず、なぜ「モデルＳ」はここまで売れているのか。

それはテスラが、ＥＶを「電気で動き、環境に優しいクルマ」として売っているのではなく、「先進的なデザイン、圧巻の加速性能、最先端の技術を詰め込んだ未来のクルマ」として売っているからである。モデルＳはプレミアムクラスに設定することで充分な電池量を搭載し、５００㎞ほどの航続距離を実現するなど、ＥＶとしての性能は申し分ない。それだけでなく、欧州の高級車を彷彿とさせるような流麗な外装デザイン、大画面のディスプレイを搭載したデジタルコックピット、０-１００㎞を3秒で加速するスーパーカー並みの加速性能、世界最先端の自動運転機能などを搭載した、これまでのガソリン車では得られない新たな魅力を提供している。ここに、テスラのＥＶが売れる理由がある。

この訴求点に合わせ、テスラはターゲットとするユーザーを、先端技術やトレンドに対する感度の高いアーリーアダプターとし、かつ展開車種をプレミアムクラスに絞ることで先述の３つのカベを越え、ＥＶを事業として成立させている。

テスラのＥＶを買うユーザーは、それがＥＶだから買っているのではない。それが、「テスラ」という新進気鋭の自動車メーカーが作った「これまでのクルマとは異なる革新的な未来を感じるクルマ」だから買うのだ。ユーザーからすると、「ＥＶ」を買っているのではなく、「テスラのクルマ」を買っている感覚に近いのではないかと思う。

先進技術や性能・デザインで従来車にはない魅力を作りＥＶを販売するテスラの成功例は、従来の自動車メーカーにとっては衝撃的であり、現在の欧州各社のＥＶシフトにおける取り組みのモデルケースにもなっている。

◉欧州各社はＥＶ専用ブランドを立ち上げ「最先端のクルマ」として価値を訴求

テスラの動きに倣ってＥＶの「別ブランド化」を進めるのが、「ジャーマン３」だ。

ダイムラーは２０１６年９月のパリモーターショーで、電動車ブランド「ＥＱ」の発足を発表するとともに、コンセプトカーの「Generation EQ」を公開している。このコンセプトカーは２０１７年１月に米国ネバダ州ラスベガスで開催されたＣＥＳ２０１７でも「Concept EQ」として展示されている。ダイムラーのディーター・ツェッチェＣＥＯは、「『ＥＱ』とは『Electric Intelligence』の略であり、『知能』を持つ電動車シリーズ」であると同時に、「『ＥＱ』は移動手段としてのクルマの存在意義を拡張し、特別なサービスと体験、イノベーションを生む全く新しいモビリティである」と述べている。ダイムラーとして、従来のクルマと差別化を図るため、あえて別ブランド「ＥＱ」を立ち上げ、これまでのクルマとは違うということをアピールしているのである。

ＶＷもダイムラーと同様、パリモーターショー２０１６でＥＶブランドの「I.D.」を発表した。「I.D.」は完全自動運転にも対応する計画を打ち出しており、別ブランドとして未来的なデザインや先端技術を前面に押し出している。

またＢＭＷは２０１６年3月に発表した経営計画「Strategy NUMBER ONE > NEXT」の中で、ＥＶブランドの「BMW i」と自動運転技術の開発に注力する方針を発表。２０２１年に発売予定のＥＶ「iNEXT」は自動運転技術とデジタル・コネクティビティを搭載するなど、最先端の技術を統合したモデルとして掲げられている。

このように欧州の自動車メーカー各社は、テスラの成功に倣い、ＥＶの専用ブランドを立ち上げ、そこに最先端のデジタル技術や近未来的なデザインを統合させようとしている。このブランド化により、たとえ航続距離や車両価格の面でガソリン車に劣っていようとも、従来のガソリン車とは全く異なるクルマとして価値訴求を行い、ＥＶの拡販を狙っているのである。

EVシフトが推進する自動運転の導入

◉航空機のオートパイロット技術の進展に見る自動運転実現への道

先ほど述べた「電動化が進むと、自動運転技術を実装しやすくなる」について、具体的にどういうことなのかを説明しよう。

実は、EVと自動運転は非常に親和性が高い。これは、「EVのほうが自動運転での『走る』『曲がる』『止まる』の統合的な車両制御が容易」だからである。電子化された車両制御、モーターによる緻密な制御、シンプルな機構による制御のしやすさ・信頼性の高さ、の面でEVは自動運転との相性が非常によいのである。

ここで、既にオートパイロットシステムの導入が進んでいる「航空機」を先進事例として取り上げたい。航空機では、既に電子制御化、いわゆる、「フライ・バイ・ワイヤ」によるオートパイロット化が進んでいる。「フライ・バイ・ワイヤ」とは、一般的に「制御対象を、電子信号を経由して狙い通りに制御すること」を指す。この「バイ・ワイヤ化」の適用は航空機が最初であり、パイロットの操縦桿の動きを電気信号化し各部に伝達・動作させている。航空機でも昔はパイロットによる機械式制御が行われていたが、20世紀後半、ジェットエンジンの開発など、ますます複雑化・大型化する航空機に対し、フライ・バイ・ワイヤの導入が進んだ。

このフライ・バイ・ワイヤのメリットとしては、軽量化、信頼性の向上のほか、ソフトウェアによる制御の幅が拡がることで複数系統間での複雑な処理や精密な制御が可能となる点が挙げられる。

フライ・バイ・ワイヤの進展とともに、クルマの「曲がる」操作に当たる航空機の機首や主翼・尾翼の操作が油圧からモーター制御となり、より精密かつ複雑な自動化が可能となった。さらに、クルマの「走る」「止まる」に当たる航空機のエンジン制御に関しては、従来のレシプロエンジンより機構のシンプルなジェットエンジンへと変化し、より制御しやすくなったことで「走る」「曲がる」「止まる」の統合的な制御、いわゆるオートパイロット技術の高度化が進展したのである。

つまり、航空機ではバイ・ワイヤ化や機構のシンプル化が進展したからこそ、オートパイロット技術が確立したのである。

◉ＥＶにより導入が進む自動運転技術

クルマの自動運転の実現には、「走る」「曲がる」「止まる」を統合した、複雑かつ精密な車両制御が求められるため、航空機のオートパイロット同様、バイ・ワイヤ化した「ドライブ・バイ・ワイヤ」による電子化や、機械式機構からモーターへの「アクチュエーターの電動化」が重要となる。

さらに、急ハンドルや急ブレーキといった即時に精密な制御が求められる市街地での自動運転を想定すると、ＥＶである利点は更に増す。これは、モーターのトルク特性によるところが大きい。動力源にガソリンエンジンを使用している場合、作動指示と反応にタイムラグが発生する。一方、ＥＶでは動力源にモーターを使用しており、電気が流れた瞬間から最大トルクを発生させることができる。そのため、ＥＶは発進をはじめ、低速時でも細かな動きを制御することが容易となる。

また、ＥＶでは部品点数が従来のガソリン車より少なく、機構がシンプルなのも利点として働く。機構がシンプルな分、電子制御もシンプルにすることができ、機械制御よりも信頼性が向上する。

ここまで述べてきたように、ＥＶは自動運転との相性が非常によい。日産自動車の浅見孝雄専務執行役員も「ＥＶは高精度で車両の動作を制御することが可能なため、内燃機関車両よりも自動運転に適している」と述べている。

実際に、ＥＶを活用した自動運転技術の実証も進められている。米国のゼネラル・モーターズでは、ＥＶ「シボレー・ボルト（Bolt）」ベースの自動運転試験車両を１８０台以上生産しており、これを活用した自動運転の走行テストをアメリカの複数都市にて実施している。既にミシガンの工場でこのＥＶベースの自動運転車両の年間生産が可能な生産ラインを構築しており、２０２０年代前半の完全自動運転ＥＶの実現に向けた体制が整いつつある。

自動運転とシェアリングサービスにより加速するEVシフト

◉消費者アンケートに見る「電動化」が抱える課題

図表5-2は、野村総合研究所が2017年10月に実施したEVに関する消費者アンケートの結果である。EVの購入意向がない層は、①車両価格、②充電インフラの利便性、③航続距離、を理由としており、現在市場で販売されているEVは、従来のガソリン車やハイブリッド車と比較してまだクルマとして魅力的に映っていないことがわかる。

車両価格に関しては、第1章で検討したが、2017年に発売された日産の新型リーフと同じ車格のティーダを比較すると、EVが2倍近く高い。EVが高価格となっている要因は主にリチウムイオン電池などのバッテリー関連コストであり、バッテリーコストの劇的な改善が見込めない限り、EVの価格不利は継続してしまう。そのバッテリーコストだが、資源に依存するところも大きい。リチウムをはじめとする電池原料は価格が近年、上

図表5-2　電気自動車を買いたいと思わない理由

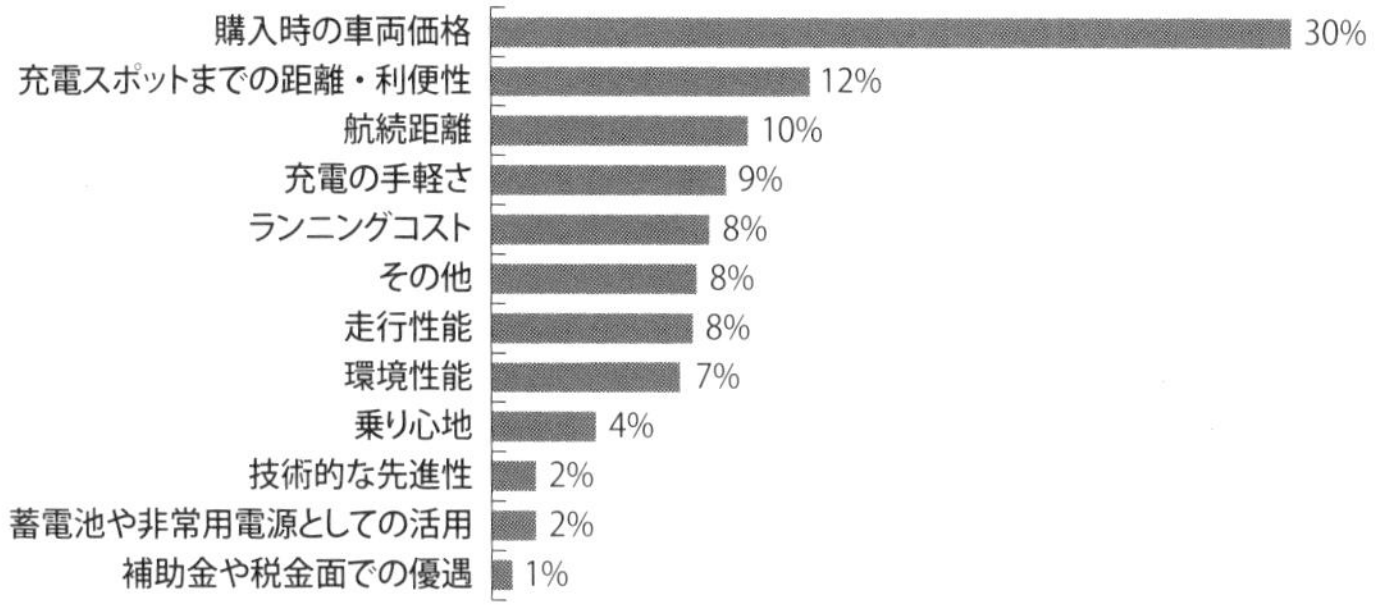

野村総合研究所「自動車に関する4カ国調査」（2017年）

- 調査時期：2017年10月
- 対象エリア：日本（全土）、中国（全土）、アメリカ（全土）、ドイツ（全土）
- 調査対象：自動車運転免許の保有者（個人）
  （年代〈30歳未満／30-49歳／50-64歳／65歳以上〉、自動車保有／非保有を均等割付）
- 調査方法：ウェブアンケート
- 有効回答者数：3,200名　（1カ国当たり800名×4カ国）

出典：NRI analysis

昇傾向にある。

特にコバルトは銅やニッケルの副産物で、かつコンゴ民主共和国が世界全体の生産量の半分を占めるなど地域偏在性が高く、将来に亘り安定調達が問題視されている。「原料の需給が引き締まり電池の価格は下がらない」との見方もある。

航続距離に関しては、アンケート調査の結果によると、国内の消費者の７割以上が、「航続距離は３００km以上必要」と答えている。一方で、現在販売されているEVでこの航続距離を満たす車両は、テスラの「モデルS」（５００km）など、一部の高級車格に限られており、大衆車クラスでは日産の「リーフ」やＧＭの「Bolt」など一部にとどまっている。さらに、これはカタログ燃費であるため、加減速の多い走行状況や空調などにより実際の航続可能距離はもっと短くなる。

この航続距離の問題と合わせ、充電インフラの整備もＥＶ普及のハードルとなる。航続距離を延ばそうとすると車載バッテリーが大容量化するが、その場合、急速充電などの充電インフラ側の対応が必須となる。現在の設備では、充電して満タンにする場合、急速充電スポットでも30分程度、家庭用の充電設備では10時間程度かかってしまい、これはガソリン車を満タン給油する時間と比較して長すぎる。

このように、車両価格、航続距離などに問題を抱えるＥＶだが、その普及のカギはＥＶと親和性の高い自動運転技術やコネクテッドカー、そしてシェアリングサービスとの組み合わせにあると見ている。

◉カーシェアでのＥＶの活用可能性

ＥＶはカーシェアリングとの相性が良いとされている。先述した通り、ＥＶでは航続距離が課題である。カーシェアでは、「カーシェア利用の8割以上が50キロ以下の移動」（オリックス自動車）「平均利用時間は1回当たり2〜3時間」（タイムズ）の「チョイ乗り」がメインの用途となるため、航続距離が短いＥＶでも対応しやすい。加えて、カーシェアでは専用のステーションに車両を設置するため、充電インフラの設置の面でも相性が良い。さらに、車両保有者側にとっては、ＥＶはガソリン車に比べ機構が単純なため、保守の手間やメンテナンスコストの低減も期待できる。

ＥＶは個人間のカーシェアリングサービス（Ｃ２Ｃカーシェア）との相性の良さも期待できる。一般的にＥＶはガソリン車と比較し、イニシャルコスト（車両購入価格）が高く、ランニングコスト（電気代）が安い。自家用車の平均稼働率は４％程度とされており、残りの96％の時間を他者に貸し出すことで初期コストの差分を回収できる可能性もあるからだ。

こうした理由から、ＥＶは一部の高級車格を除き、まずはカーシェアリングから普及が始まる可能性が高いと見ている。

◉自動バレーパーキングと非接触給電により駐車から充電までを自動化

さらに、先進的な構想も練られている。立体駐車場などの場内の移動や駐車操作を自動で行う「自動バレーパーキング」技術とワイヤレスでＥＶの充電をする「非接触給電」技術を組み合わせ、駐車・充電を完全自動で行うことで、その煩わしさを大幅に軽減できるシステムの検討が進められているのだ。ちなみにバレーパーキングとは、駐車を係員にお任せできるサービスのことで、ホテル、レストラン、病院、ショッピングモールなどで提

図表 5−3　V-Charge のイメージ

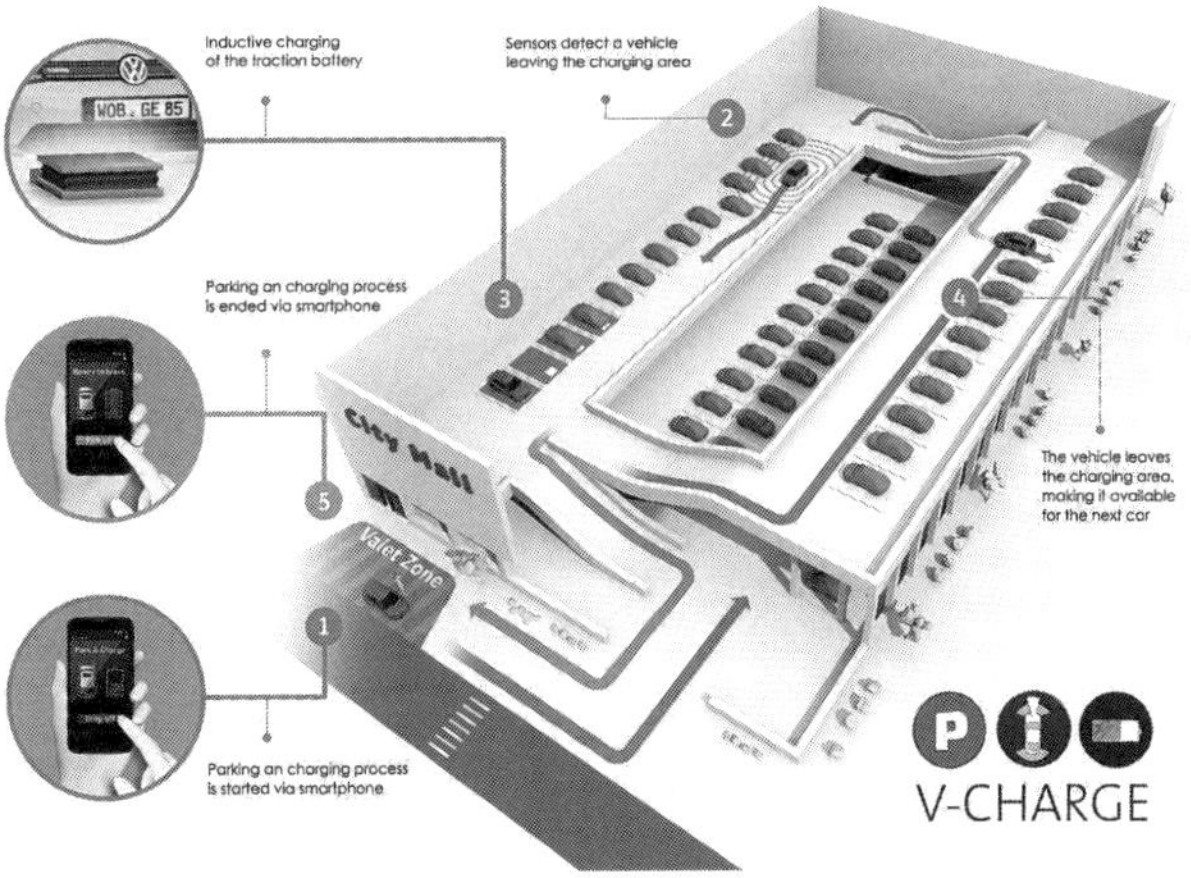

出典：http://norrbil.se/news.php?details_id＝1952406

供されることがある。

このシステムの構想自体は２０１０年代から欧州系・日系の自動車メーカー各社より発表されていた。中でも、欧州ではＥＵ共同プロジェクト「V-Charge」として、スイス連邦工科大学、ＶＷ、ボッシュ、その他にもオックスフォード大学をはじめ数々の欧州大学とともに２０１３年頃より研究開発が行われており、２０１５年にアムステルダム空港で最終デモンストレーションが実施された。

このプロジェクトでは、自動バレーパーキングシステムを搭載したＥＶが、自動で空き駐車スペースを探し出し、駐車スペースに設置されたワイヤレス給電システムによりバッテリーを充電するという機能の開発を目的としている。ワイヤレス充電は電磁誘導を利用し、地面に敷設した充電パッドからEV側の受電パッドに非接触で電力を供給する。これを駐車スペースに設置し、そこに自動でクルマが入出庫・駐車できれば、駐車〜充電に係る動作をすべて無人化することができる。EVのボトルネックとなっていた航続距離や充電の煩わしさといった課題を解決することができる。ただし、充電ステーションや駐車場といったインフラ側に通信機能を追加するなどの整備が必要になるため、まだ少し時間がかかるものの、実用化は2020年以降と想定されている。

国内においては、日産が自動バレーパーキングと非接触給電システムの両方に取り組んでおり、「V-Charge」のような組み合わせによる自動駐車＋充電システムの実現を狙っているものと推察される。このうち、非接触給電システムに関しては2020年の実用化を目指している。

国内ではほかにも、自動バレーパーキングシステムに関しては日産や自動車部品サプライヤーのアイシン精機やデンソー、日立オートモティブシステムズなどを中心に開発が進められており、また非接触給電に関しても、IHIや三菱電機、ダイヘンといった企業が実用化に向けてしのぎを削っている。

◉自動給電システムにより、ＥＶ普及に向けた課題を解決

ＥＶの航続距離の短さと、それに伴う充電の煩わしさといったＥＶ普及のハードルは、ＥＶ単独で解決しようとすると、大容量の電池を搭載するなど、どうしても車両コストに跳ね返ってくる。こうした大容量の電池を搭載したＥＶを普及させるよりも、先述した自動バレーパーキング駐車システムと非接触給電システムを活用した無人で充電できるインフラを整備する方が社会コスト的な観点でも効率的である。

ＥＶ普及のカギは、こうした自動運転技術などの先進技術との連携によるＥＶの魅力度向上や利便性の劇的な改善にある。

自動運転技術との組み合わせに加え、更にＥＶ普及をドライブする要素が、「クルマのサービス化」である。これについて次節で詳細に触れていきたい。

「モビリティ・アズ・ア・サービス」でEVシフトが加速する

◉ウーバーがもたらしたクルマのシェアリング化

近年話題となったウーバーは生活者の「所有から利用へ」というニーズの変化を的確に捉え、クルマのシェアリングビジネスを実現することで成功を収めた。米国サンフランシスコに本社を置くこの会社は２００９年に創業し、今や時価総額が７・７兆円とＧＭを超えるまでに急拡大した企業である。

ウーバーが提供するのは、「より効率的かつ安価にクルマで移動したいユーザー」と「空き時間を有効的に使って収入を得たいドライバー」とをマッチングするサービスであり、「ライドシェア」と呼ばれている。ユーザーは、スマホで車両の配車から乗車、決済までを行うことができる。従来、自家用車の平均稼働率は４％程度とされており、ウーバーは残りの96％に目をつけたシェアリングサービスとも捉えることができる。このサービスは世界77カ国で使用され、1日当たりの利用回数はのべ1000万回にも上る。

米国で起きたウーバーの成長に倣い、世界各地では、中国版ウーバーの「滴滴出行（ディディチューシン）」や東南アジアの「Grab」、インドの「Ola Cabs」などのローカルプレイヤーが台頭してきている。

このウーバーに代表されるライドシェアサービスは、既存の産業を破壊する程のインパクトを持っている。2016年の初頭、米サンフランシスコ市最大のタクシー会社イエローキャブが会社更生法（日本の民事再生法に該当）を申請した。ライドシェアに市場を奪われたことだけでなく、タクシー運転手の確保までも困難になったことが原因と言われている。この「革新的なビジネスモデルを持ったデジタル企業が市場に参入することで、既存の業界が脅かされる状況」を指して、「ウーバライゼーション（Uberization）」という造語が作られる程の衝撃であった。

こうした、ウーバーのような「クルマのシェアリング化」の台頭は、クルマが「個人が所有するもの」から「移動サービスを提供するもの」へとシフトしたことを意味しているように思う。このクルマの在り方の変革は、自動車メーカーのみならず、タクシー業界や保険業界などの周辺産業までも巻き込み、社会に大きなインパクトをもたらす可能性がある。

◉クルマがアズ・ア・サービス化する時代

先述したウーバーの例に代表されるように、近年、クルマを「個人が所有するもの」から「移動サービスを提供するもの」へとシフトする動きが加速している。このような動きを「モビリティ・アズ・ア・サービス（MaaS）」と呼んでいる。

このMaaSによる移動サービスは世界的に拡大しつつある。ウーバーの「ライドシェアサービス」のほかにも、1台のクルマを複数人でシェアし、空き状況の確認・予約から車両返却後の支払いまでをスマホ経由で行う「カーシェアリングサービス」や、個人間で駐車場の貸し借りができる「駐車場シェアリングサービス」のほか、複数の交通手段をつなぎ、目的に応じて最適なルートを提示する「マルチモーダルナビ」など、世界中で様々なサービスが登場している。

世界に先駆け、このMaaSを積極的に推進しているのが欧州である。2014年のITS欧州会議にて、フィンランドより初めて「MaaS」のコンセプトが提案され、2015年、フランスのボルドーで開催されたITS世界会議では、フィンランドの「MaaS」プロジェクトに加え、英ロンドン交通局、スウェーデン産業イノベーション省、デンマークのオールボー大学、ゼロックス社など、欧州内の産学官20組織が「European Mobility-as-a-Service Alliance（欧州MaaS連合）」を結成し、官民一体となりMaaSを推進している。2016年には「MaaS Global」社が設立され、フィンランドで「Whim」というサービスを開始した。この「Whim」は、目的地を検索するだけで公共交通機関とライドシェア、タクシー、レンタカー、レンタサイクルなどの組み合わせから最適なものを選べ、運賃を月額制で支払うことのできるアプリとなっており、世界中から注目を集めている。

日本でも、パーク24が提供する「タイムズカープラス」や三井不動産リアルティの「カレコ カーシェアリングクラブ」といったカーシェアリングサービスやNTTドコモのバイクシェアリングなどの各種交通シェアリングのほか、JR東日本が交通サービスのプラットフォーマーになるべく「モビリティ変革コンソーシアム」を設立するなど、MaaSに関する取り組みが本格化しつつある。

◉自動車メーカーも自社でのMaaS展開に乗り出す

拡大するMaaSの影響を自動車メーカー各社も無視できなくなってきた。これまで、クルマを「売る」ことをビジネスにしてきた自動車メーカーだが、自分たちが「移動サービス」も合わせて提供するような動きが最近加速している。

特にMaaSに先駆的に取り組んでいるのがBMWやフォードといった欧米系の自動車メーカーである。BMWでは自社のカーシェアサービス「DriveNow」を展開しているほか、傘下のベンチャーキャピタルを通じ、相乗りサービス、輸送管理、乗り換え案内、配車サービス、EV充電拠点、駐車場関連の企業などにも資本参加しており、様々なサービスを統合したMaaSプラットフォームの構築を狙っているとみられる。

フォードは2016年3月に子会社の「Ford Smart Mobility」社を設立し、自社モビリティサービスの開発・提供を行っている。実際に、「FordPass」というスマホアプリを提供しており、駐車場の予約やカーシェアリングなどのサービスが利用可能となっている。更にハンバーガーチェーンのマクドナルドやセブン・イレブンといったコンビニとの提携も進めており、支払はバーチャルウォレットの「FordPay」で精算が可能となっている。

◉MaaSと自動運転の融合により移動に革命をもたらすロボットタクシー

シェアリングなどのMaaSと合わせて、自動運転技術の開発が進むと、将来的に完全無人運転のオンデマンド配車サービス、いわゆる「ロボットタクシー」が実現する可能性がある。

ロボットタクシーは、今までの交通の在り方を変える、革新的なサービスとなり得る。

テキサス大学やコロンビア大学が現在のアメリカのタクシー1マイル当たりのコストとロボットタクシーの1マイル当たりのコストを試算した結果、現状のタクシーの4分の1以下の利用コストに抑えることができるという見立てもある。これは、ロボットタクシー化するとドライバーの人件費がゼロになることや、休憩が必要なくなる分の稼働率の向上、また車両事故減少による保険料の減少による影響が大きい。このようにロボットタクシー

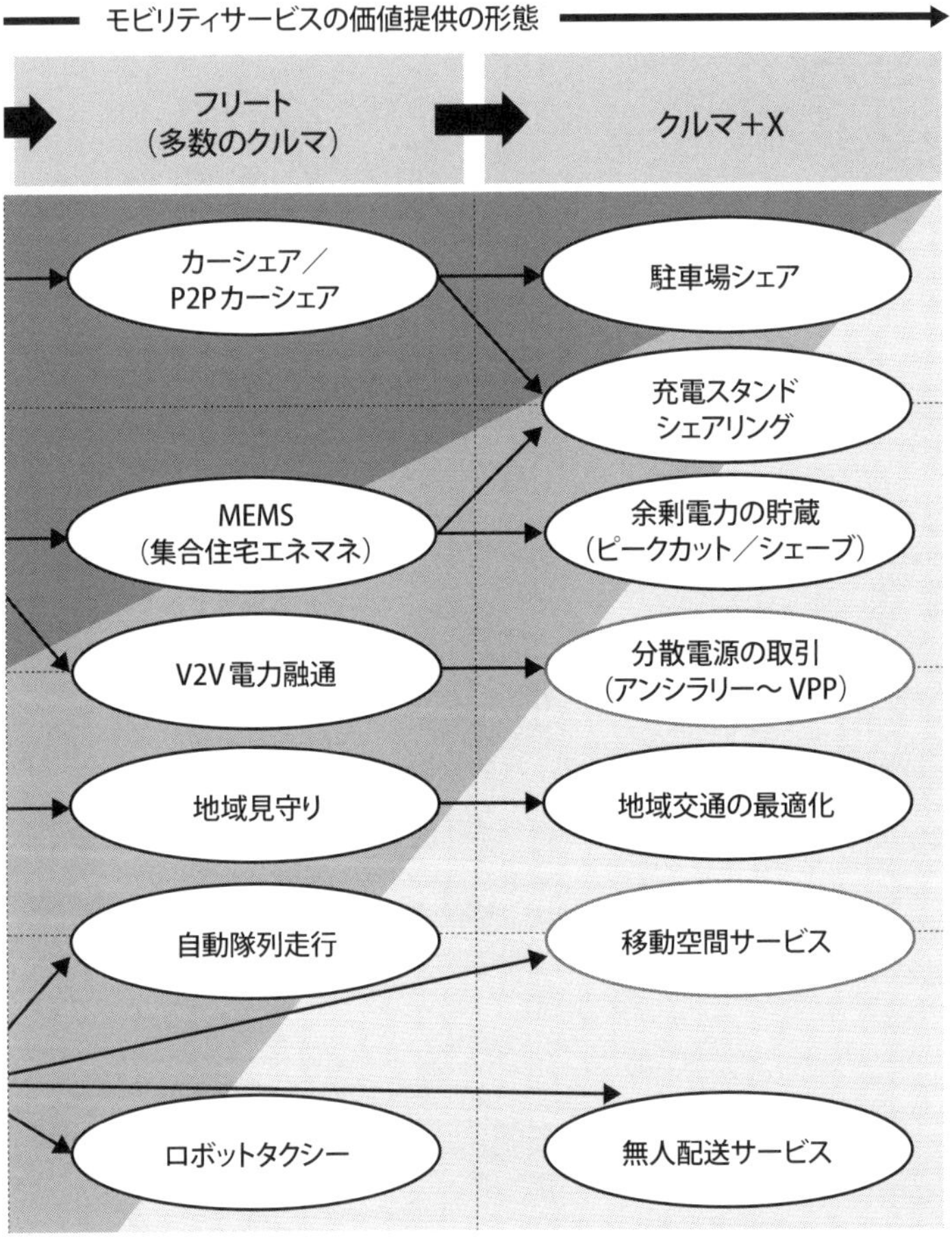
モビリティサービスの価値提供の形態
フリート
（多数のクルマ）
クルマ＋X
カーシェア／
P2Pカーシェア
駐車場シェア
充電スタンド
シェアリング
MEMS
（集合住宅エネマネ）
余剰電力の貯蔵
（ピークカット／シェーブ）
V2V電力融通
分散電源の取引
（アンシラリー～VPP）
地域見守り
地域交通の最適化
自動隊列走行
移動空間サービス
ロボットタクシー
無人配送サービス

図表5-4　次世代モビリティに向けたメガトレンドに伴い、多様なモビリティ

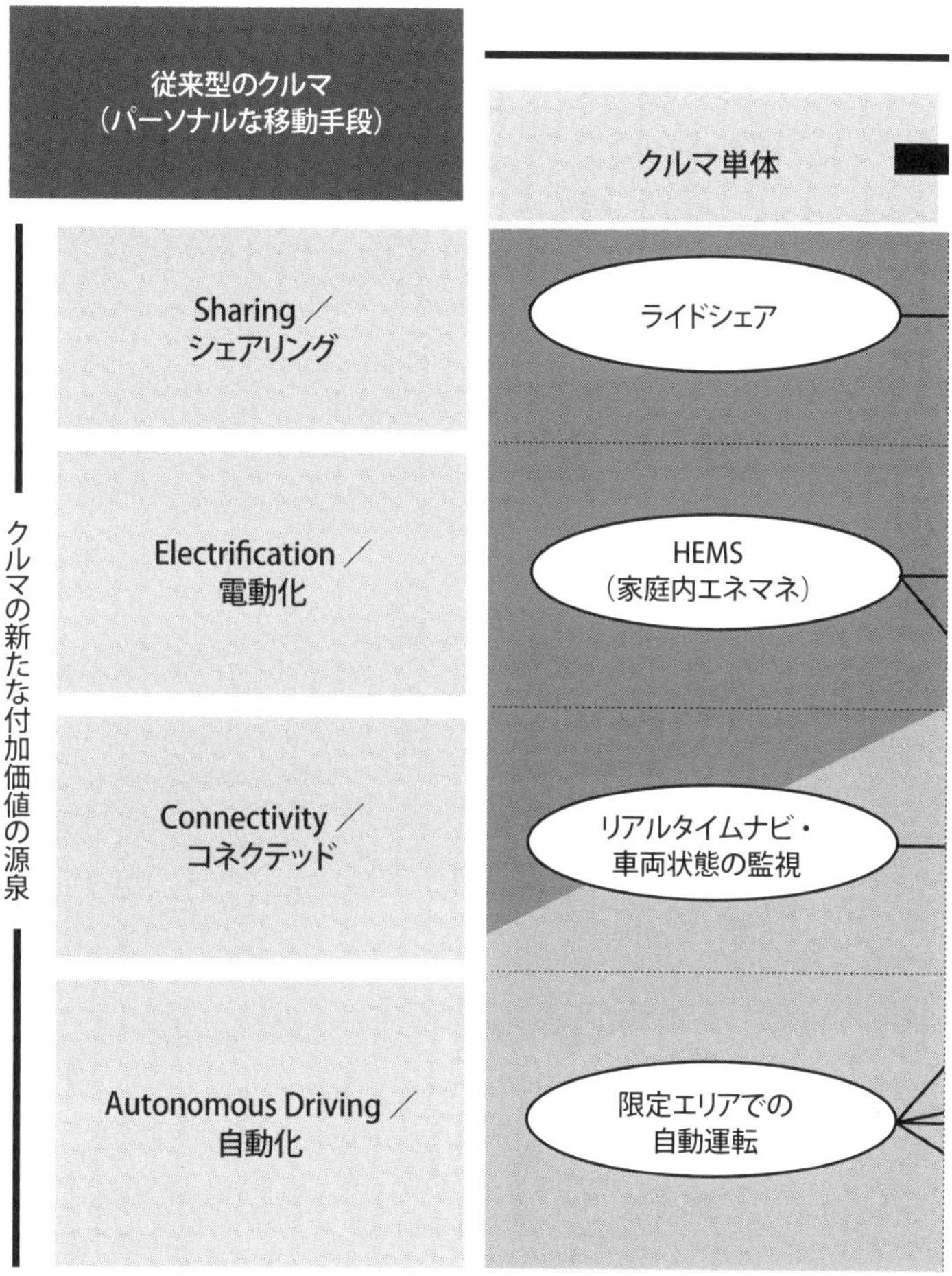

出典：野村総合研究所

は現在のタクシー以上の利便性を極めて低コストで実現できるため、タクシーにとどまらず他の公共交通機関の代替や、車両保有台数の減少につながる可能性がある。

米ＫＰＭＧが２０１７年12月に発行したレポート「Islands of Autonomy」によると、こうした自動運転による自律型のモビリティサービスが実現した場合、移動手段の選択肢が拡がることで消費者の自動車購入意欲は低下し、結果として米国における自家用セダンの販売台数は急激に減少、２０３０年には現在の６割減になると予測している。

◉Waymoが切り開くロボットタクシー実現への道

米国ではAlphabet社傘下のWaymoがこのロボットタクシーの実現に意欲的に取り組んでおり、遅れを取るまいとＧＭやフォードといった従来の自動車メーカーも同様に開発を進めている。Waymoは２０１８年にロボットタクシーの実証実験をアリゾナ州内の公道でスタートする方針を明らかにしており、運転手を乗せないで走行を行う世界初の試みとなる。Waymo（当時のGoogle）は２０１０年以前から自動運転車の開発を行っており、２０１７年には自動運転車の総走行距離が４００万マイルに到達したことを発表。これは人間のおよそ３００年分の経験に当たるとしている。

また、Waymoは実際のサービスインに向け、他社とのパートナリングにより着実に体制を固めつつある。２０１６年に自動車メーカーのフィアットクライスラー社と提携し、

図表5-5　ロボットタクシーの利用イメージ

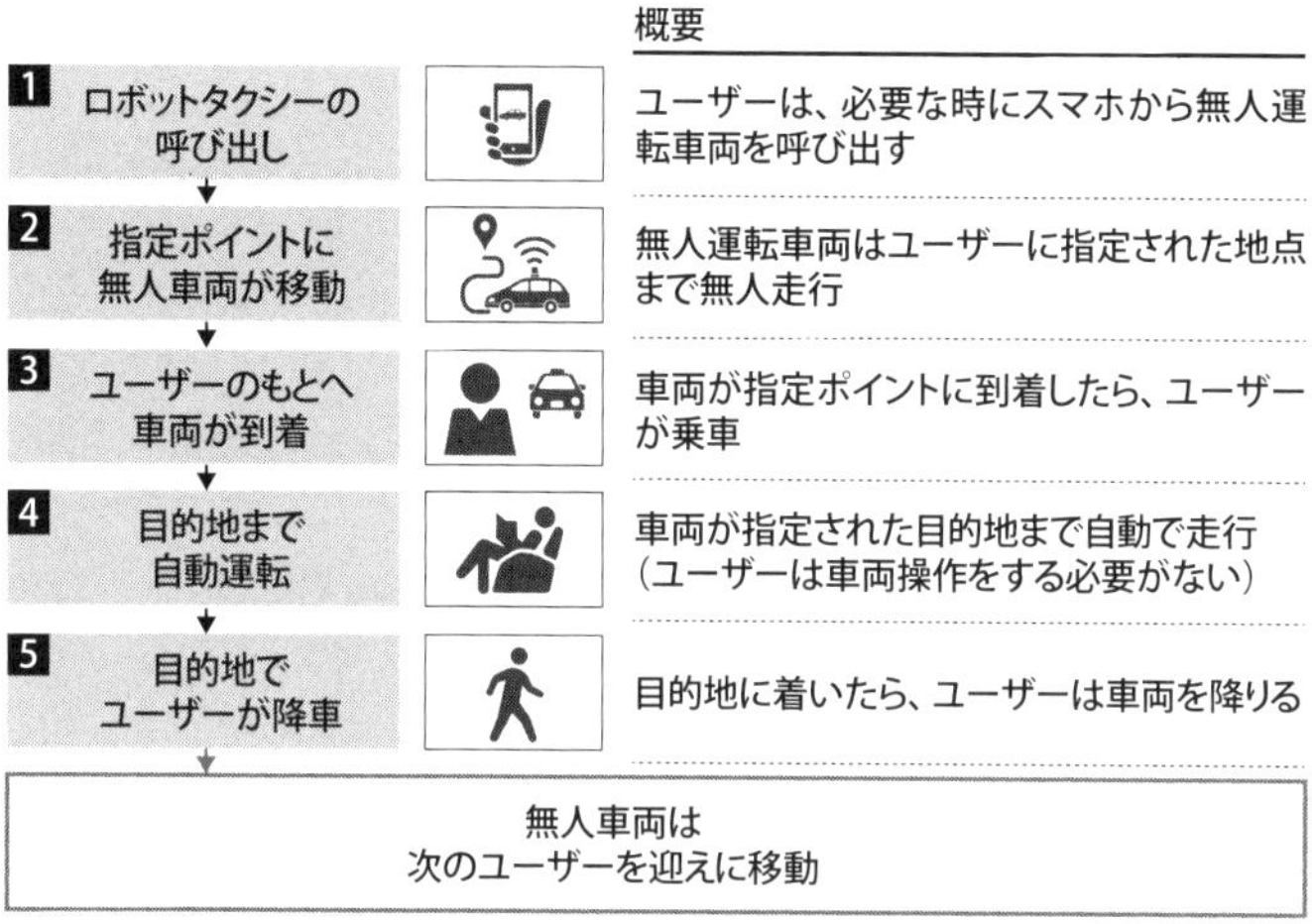

出典：野村総合研究所

ロボットタクシーに使用する車両「Pacifica」を数百台調達する契約を結んだ。２０１７年には米レンタカー大手のAvis社や、米自動車ディーラー大手のAutoNation社とロボットタクシー車両の保守・メンテナンスで提携している。更に、米保険ベンチャーのTrov社とロボットタクシーの乗客向け保険の提供に向けた提携も発表している。

法規制や地域ごとの天候の違い、道路環境の違いもあるため、まずは一部の限定的なエリアでの導入となると想定されるが、こうした動きが都市レベル、国レベルで本格化するとこれまでの自動車産業の在り方を大きく変える可能性は充分にある。

◉ＭａａＳがもたらすＥＶシフトへのインパクト

これまで、MaaSに関する動向を述べたが、このMaaSがＥＶ普及のポイントとなることについて触れておきたい。

ＥＶとカーシェアが好相性だという点については既に説明した通りであるが、さらに、中長期的にロボットタクシーなどの登場によりMaaSが普及し、交通システムの最適化が進むとＥＶシフトを加速させる方向に向かうのではないかと考えている。自宅から最寄り駅までをロボットタクシーで移動し、そこから電車に乗る。都市内での細かな移動は自動運転バスやバイクシェアを活用する。このような交通分担が進むと、先述したＥＶと自動運転との相性を含めて、都市内を走行する車両がすべてＥＶ化するような未来も決して夢物語ではないだろう。

「走る蓄電池」としてのビジネス拡大

◉電力業界の方向性転換、蓄電池の必要性の高まり

ＥＶシフトは、動力が石油から電気へと変化するため、第４章でも説明したように、電力業界に大きな影響を与える。一方で、ＥＶを〝走る蓄電池〟として適切に管理できた場合、今後再生可能エネルギーの増加により需給調整機能が必要となる電力業界の課題解決に寄与できる可能性が高く、新しいビジネスチャンスが出現する可能性が高い。本節では、その〝走る蓄電池〟を活用した新たなビジネスモデルに関して、現在、そして今後どのようなモデルが展開されるかについて紹介する。

まずは、現在の電力業界が抱える課題に関して簡潔に説明する。現在、電力業界では、「集権型」から「分散型」への転換というキーワードが存在する。これは、東日本大震災の惨事を受けて見直した、新たなエネルギー政策の方向性である。政府は、これまでの原

子力発電所や化石燃料への依存度を下げて、再生可能エネルギーを普及させるとともに、不安定な再生可能エネルギーを社会インフラに組み込むための蓄電システムを整備する方向へ大きくシフトすることを決めた。つまり、1人1人がエネルギーの需要家であると同時に、エネルギーの生産者となる社会を目指すことに転換したのだ。クリーンな再生可能エネルギーの拡大は、先進国では共通のテーマであり、この動きは日本以外でも拡大している。

そして、再生可能エネルギーの安定化に向けた蓄電システムを実現するに当たって、蓄電池は重要技術であると位置づけられており、政府は補助金を整備するなどの施策を展開することで、その普及を後押ししてきた。

◉「走る蓄電池」となるEVへの期待（モビリティ・アズ・ア・バッテリー）

将来の電力インフラの構築に向けて重要となるその蓄電池だが、政府の想定通りに普及することは難しいと見られる。実は、家庭用蓄電池には、EV以上の普及阻害要因が存在するのだ。

1つ目が価格である。現在の家庭用蓄電池は100万円を超えるものが通常であり、深夜に蓄えた電気を電力ピーク時に使用するピークシフトを主用途として検討した場合、元を取るまでに10年以上の歳月を要してしまう。また、バッテリー以外にも様々な部品を内蔵しているため、本棚程度になってしまうサイズも問題だ。さらに約10年以上使用する製品にもかかわらず、今後、安くて寿命が長いバージョンが開発されることは間違いないため、購入タイミングの判断が難しいのである。

一方で、EVは移動手段としての価値を目的に購入される。蓄電という観点では、蓄電機能がおまけでついてきた感覚ではないだろうか。確かにEVも普及課題がいくつか存在するが、将来的な普及ポテンシャルへの期待値は、家庭用蓄電池よりもEVの方が大きい。

◉EVの需給調整機能を活用した2つのビジネスモデル

第3章の日産自動車の節でも述べたが、EVのバッテリーを需給調整機能として提供するビジネスモデルを確立することは、EVの価格優位性を築き上げることにつながる。そのため、現在、多くの自動車メーカーが取り組みを加速しつつある。

さて、EVを活用した需給調整機能の提供は、大きく分けると2つ存在する。1つ目が、既にビジネスが確立されつつあるEVの充電開始タイミングや充電時間をコントロールすることで、需給調整機能を提供する「スマートチャージ」。2つ目が、実現に向けた課題は多く未だ実用化の事例は少ないが、EVを発電機とみなして直接電力網へ電力を供給する「V2G」である（図表5－6）。

「スマートチャージ」は、既に各地で取り組みが始まっており、日産自動車だけでなく

図表5-6　V2G

ビジネスモデル	イメージ	概要	普及に向けた課題
充電制御（スマートチャージ）	電力網 家／ビル　充電ステーション EV／PHEV	充電タイミングや充電時間をコントロール	大きな課題は存在しない
V2G	電力網 家／ビル　充電ステーション EV／PHEV	グリッドからEVに充電するだけでなく、EVからグリッドに放電することを実現	1. 電池劣化に対する技術革新、責任所在の明確化 2. 系統への逆潮流に対する規制の見直し

← 電力の流れ

海外の自動車メーカーも当ビジネスに積極的である。２０１５年７月より、ＢＭＷは、米国でガス・電力事業を展開しているＰＧ＆Ｅとともに、同ビジネスの共同実証実験プロジェクト「BMW i Charge Forward Program」を開始した。この実証実験では、ＰＧ＆Ｅからの電力調整要請に対して、ＢＭＷが、１００台の「BMW i3」と整備した自社の定置用蓄電池を組み合わせて対応できるかを検証した。海外の自動車メーカーも同様に、当ビジネスモデルを確立することで、ＥＶの価格優位性の確立を狙っているのだ。

今後は、電力網からＥＶへの充電をコントロールするだけでなく、ＥＶから電力網へと放電する（＝売電する）Ｖ２Ｇ

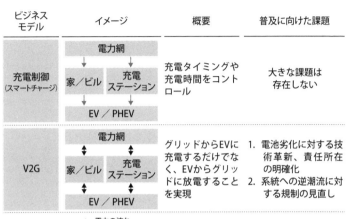

というビジネスが立ち上がる見込みである。当ビジネスモデルは、電池劣化に対する技術革新や電力網への逆潮流に対する規制の見直しなど、まだ実現に向けて課題が残るが、スマートチャージに比べて売電を行う分、稼げる収益も大きく、注目度が高い。

たとえば、自動車の利用は基本的に休日のみで、平日は自宅に停車しておくことが多い家庭があったとする。この自宅に停車されているＥＶは、電力料金の夜の安い時間帯に充電し、昼の電力が最も必要とされる時間帯に勝手に売電して収益を得る。つまり、これまで、平日は自宅で眠っているだけであった自動車がお金を稼ぐモノに変わるのだ。

世界ではじめてＶ２Ｇを商用化したのが日産自動車である。逆潮流に対する規制が存在しないデンマークで、大手電力会社エネルとＶ２ＧソフトウェアプロバイダーのNuvveらと共同で他社に先駆けて取り組みを開始している。

現在、Ｖ２Ｇが注目されていることを象徴するのが、２０１７年に発表された日系総合商社による２つの出資だ。２０１７年10月、ダイムラーなどと提携関係にあり、Ｖ２Ｇのソフトウェアՙ開発に注力しているMobilityhouseに対して、三井物産が出資することを決めた。また、同年12月には前述したNuvveに対して豊田通商が出資することを決めた。

◉ＥＶ充電器メーカーも参戦

このビジネスモデルの確立を見据えているのは、何も自動車会社だけではない。ここでは、２０１７年10月、前述のエネルに買収されてしまったeMotorWerksという会社を紹介する。

eMotorWerksは、米国発のＥＶ充電器メーカーである。彼らの特徴は、ＥＶ充電器メーカーであると同時に、自社でＥＶの電力制御プラットフォームを開発している点だ。彼らの戦略を簡潔に説明する（図表5−7）。

eMotorWerksは、ＥＶオーナーに対して家庭用のＥＶ充電器を安価で販売する。そして、販売時に、JuiceNETという電力制御プラットフォームへの加入を促す。当プラットフォームへ加入したＥＶオーナーは、ＥＶを充電する際、携帯アプリ上でＥＶの使用開始予定時間を登録することを求められる。そして、eMotorWerksは、登録された使用開始予定時間までに充電を完了することを保証した上で、電力網に接続されているＥＶを自由に制御することで、電力会社に対して需給調整機能を提供する。

ここでのポイントは、販売しているＥＶ充電器が安価であるという点だ。電力会社に対する需給調整機能の提供で収益を上げることができるため、充電器販売の収益に固執する必要がないのだ。過去にはJuiceNETへ加入することを前提に、無料でＥＶ充電器をばら撒いたこともあった。また、eMotorWerksは他のＥＶ充電器メーカーとの提携も進めており、提携しているＥＶ充電器メーカーの充電器を購入した際にもJuiceNETへの加入を促すことで、加入者を増加させている。

図表５−７　eMotorWerksのビジネスモデル

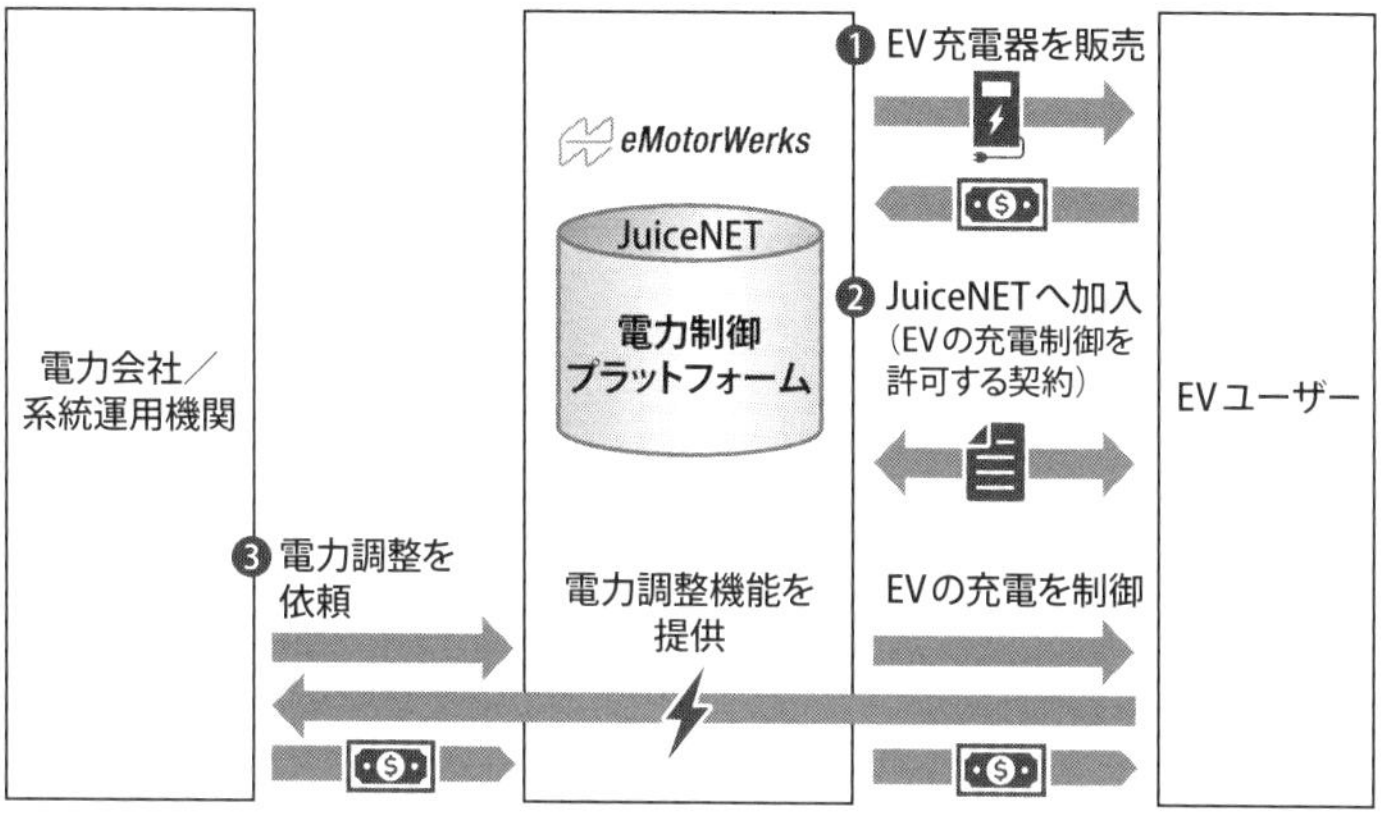

出典：各種公開情報より野村総合研究所作成

当ビジネスは、調整機能として活用できるＥＶの台数が多ければ多いほど競争力を確保することができる。特定の自動車メーカーとは組まずに一気にその制御対象を拡大してしまおうというのが彼らの狙いなのだ。

◉モビリティとエネルギーの統合マネジメントプロバイダーの可能性

前述のビジネスモデルを実現するためには、制御下にあるＥＶを所定の時間に電力網につないでおく必要がある。そのため、代替となるクルマを常に確保できるという点で、カープールを持っている駐車場やシェアリングサービスとの相性が良い。しかし、ビジネスの特性上、駐車場管理者が見ず知らずのＥＶを調整機能として活用することは難しい。そう考えると、当ビジネスはカーシェアリングサービスとの相性が良いと考えるのが妥当ではないだろうか。実際に日産自動車は、欧州でシェアリング用のＥＶを活用したサービス展開を検討している。その一方で、現状では、カーシェアリングビジネスは今ひとつ伸び悩んでいる。キーとなる稼働率の向上がどうしても課題となってしまっているのだ。

以上を踏まえると、車両をＥＶとした上で、カーシェアリングサービスを展開するとともに、カープールに停車している時は、蓄電機能を供給する蓄電池として車両を活用する事業者が出てくるはずだ。停車時も収益を得られるのだから、課題であった稼働率の問題が解決される。さらに、前節で紹介したロボットタクシーが実現し、将来的に、クルマが個人の所有するものでなくなった世界では、ＥＶは、電力安定に向けた蓄電システム兼輸送システムとして公共インフラになっているかもしれない。

おわりに

EVシフトの先には、どのようなモビリティライフが待っているのか?

◉ガソリン自動車にすっかり慣れ親しんだ私たち

最後までこの本にお付合いいただき、感謝申し上げます。EVの歴史や実状、技術レベル、各プレーヤーの思惑などを読まれて、どのような感想を持たれただろうか。

「EVって、エンジンがモーターに代わるだけのこと?」「EVが車両からCO_2や環境汚染物質を排出しないというコンセプトは共鳴できるが、私ひとりでは環境問題は解決できないし、車もそれ程変わらないのなら、あえてEVに乗り換えなくても良いかな?」なんて感想を持たれた方もいるのではないだろうか。エンジンも十分に静かになったし、滑らかな加速も実現できているよと、エンジン擁護の声も聞こえてきそうだ。

また、20世紀、長い間ガソリンに慣れ親しんだ私たちは、ガソリンに愛着を持ち、水のように安全なものとして受け入れるようになってきた。直ぐ近くにはガソリンスタンドがあり、セルフでも給油ができ、発火事故などもニュースで聞かなくなった。ここまで来るには、自動車メーカーやエネルギー会社、数多くの部品・素材メーカーの努力が背景にある。

ガソリン自動車は、１８８６年にベンツが作った車を世界初とすると、約１３０年の歴史を持つ。この間、エンジンの改良が加えられ、エンジン、トランスミッション、ガソリンタンク、といった車のレイアウトが決まり、ガソリンスタンドのようなインフラも整備されてきた。ある意味、現時点では、ガソリン自動車は完成形と言える。燃費を１％向上させるにも、相当な努力が必要なこと、どのメーカーの車も、似たレイアウト、スタイリングになってきていることも、その証拠ではないだろうか。

◉EV、さらに自動運転技術で、車の概念が大きく変わる

１３０年かけて、すっかりガソリン自動車に慣れ親しんだ私たちからすれば、「ＥＶになると何が変わるの？　嬉しいの？」と目の肥えた質問が次々に聞こえてきそうだ。しかし、個人的な意見を述べるならば、ＥＶに変わることで、走る・曲がる・止まる、といった車の基本性能については、大きな飛躍は期待できない、と思っている。従来の摩擦で止めるブレーキからモーターの回生ブレーキが多くなることで、よりスムーズな「止まる」は可能になるが、それとて飛躍とまでは言えない。

では、何が変わり得るか。

結論を言えば、「モビリティのあり方そのもの」を変え得ると思っている。

これまでガソリン自動車では、皆が当たり前、と思っていたことは数多くある。たとえば室内空間。通常、ガソリン自動車は前にエンジンがあり、後ろにガソリンタンクがある。しかし、EVとなるとバッテリーを床下に置くこともできるし、モーターも、たとえばインホイールモーター（各タイヤのホイールの中に置く）にすれば、すべての主要部品を床下に配置可能だ。そうなると、これまで似たようなデザインが多かった車も、室内空間やエクステリアに関してデザイン自由度が急激に増すことになる。さらに、最近話題の自動運転が導入されていくと、極端な話、衝突事故がなくなるので、これまでのような車の周りを覆う重たい鉄もいらなくなる。すると、スケルトンの車もできてくるし、リビングのような広い車室も可能となっていく。実際、EVと自動運転は相性が良い。より細かな動力制御がモーターを使うEVでは可能となるし、自動運転で効率的に回生ブレーキを働かせ運動エネルギーを電気エネルギーに戻すこともできる。

EVでは、車の大きさも様々なものが登場する可能性がある。超小型EVなんていう1人乗り、2人乗りも現れてくる。最近、様々な電機メーカーやベンチャー企業が、超小型EVのコンセプトを発表している。今までのガソリン車の場合、エンジン開発に莫大なお金がかかり、新規参入者は自動車業界に入り難い状況であった。燃費規制クリアーのために、開発投資も膨らんでいった。このような状況下では、既存の大手自動車メーカーなどは、敢えて金額の小さなガソリンベースの超小型車など売りたくない、というのが正直な気持ちではないだろうか。

ＥＶでは、車からの排出ガスはゼロとなるので、どの会社も排出ガスに関する開発をする必要はなくなる。車に必要なパワーを設定し、それに合ったモーター、バッテリーを調達してくれれば、車の動力源は完成だ。超小型車がこれまで普及しなかったもう1つの背景には、安全性もある。よく聞く話としては、大通りや高速道路を、超小型車がトラックと一緒に走って危なくないの？　という話だ。ここでも、自動運転技術が導入されれば、どんなに小さな車でも、これまで以上に安全に移動を楽しく行うことができる。超小型ＥＶが登場することで、まさに、個人の足として、気軽に車を利用していくことも可能になっていきそうだ。

◉その先にあるＥＶのモビリティライフ

このように、ＥＶに自動運転技術なども加わることで、車のあり方が大きく変わるということをお話しした。最後に、私たちの車を使った生活、車という発想からもっと広いモビリティという概念での生活、モビリティライフがどう変わり得るのか、イメージを膨らませたいと思う。

まず、エネルギー源が電気に替わることで、移動するコストは劇的に下がっていく。EVは一般的に高いと言われるが、こちらは現段階では電池コストが高いため、車両価格が高くなるからだ。電池コストについては、次世代の全固体電池などの開発競争により、将来のコストダウンが期待される。

一方、電気を動力源とすると、同じ距離を走る際の費用は、現時点でも劇的に下がる。ガソリン代が高いから車に乗るのは止めよう、などの会話はなくなる。しかも、充電はコンセントがあればいいため、色々な場所に設置可能だ。たとえば、ショッピングモールの各駐車スペースに、充電コンセントを設置することもできる。すると、店舗側からは、来店客を増やすため、割引クーポンなどを発行するのと同じ感覚で充電サービスなんていうことも考えられる。また、毎日通う職場に充電コンセントを置くことも考えられる。会社によっては、通勤手当として通勤距離に応じてガソリン代を払っているが、電気に変わることで、会社にとってもコスト削減につながる。

これまで、「給油」という行為が独立してあり、私たちはその都度お金を払っていたが、今後は、家、会社、店舗などどこでも停車中は充電がされるようになるかもしれない。しかも、非接触充電を使えば、無意識のうちに充電がなされる社会になっていく。このような状況では、多少充電時間が長くても気にならない。当たり前だが、皆、必ず駐車はするからだ。

電気が作られる発電所、電源はどうだろうか。石油、石炭などの化石燃料から太陽光、風力、地熱などの自然エネルギーに変わっていくと、電源においてもCO_2や環境汚染物質を排出しなくなる。完全なクリーンエネルギーで車の排出ガスもなくなる。さらに、エコなだけでなく、ユーザーにとってもメリットが生じてくる。技術進歩と大量生産によって、現在でも、太陽光発電などの設備コストは下がってきている。将来的にはさらに発電設備が安価になると考えると、自然エネルギーは有難いことに無料で手に入るので、電気代は下がっていき、ユーザーはさらに安価な電気代で車を走らせることが可能となる。

このように考えてくると、将来的には、ＥＶによって移動する費用を考えることなく、生活をすることが可能になる。

もう１つ、将来のモビリティライフを想像すると、超小型モビリティのような車が増えることで、個人個人が自由に移動し活動できる時代になる。通勤のみならず通学も、電車やバスの時間を待つことなく、雨の中自転車で移動することもなく、快適な個人の移動を楽しめるようになるかもしれない。超小型のため、交通渋滞になり難いことや、広い駐車スペースがいらないこと、が背景にある。また、先ほど述べたようにガソリン代が無料同然の電気代に替わることで、誰でも気軽に移動手段に選べる点、自動運転技術が加わることで事故が起きなくなる点、などを考えると、学生の自転車代わりに置き換わることも考えられる。

個人だけの移動空間が実現する超小型ＥＶや、リビングのような快適な空間が実現するＥＶ、今までとは全く異なる車をベースに、安価でクリーンな電気で移動できる社会。ＥＶは単に「走る」「曲がる」「止まる」といった基本機能を超えて、私たちの移動を快適にし、活動の幅を広げてくれるものと考えられる。

編著者紹介

風間　智英（かざま　ともひで）
野村総合研究所 上席コンサルタント グループマネージャー

自動車、エネルギー、ハイテク、電池、化学・素材、総合商社などを中心に、経営戦略、事業戦略、新規事業戦略、研究開発戦略など主に戦略策定の支援に従事。NEDO技術評価委員（2007〜2010年）、長岡技術科学大学非常勤講師（2005年）。NHK World「Asia Biz Forecast」、NHK「Biz＋サンデー」、テレビ東京「Newsモーニングサテライト」、「NEWS FINE」などTV出演多数。次世代自動車・電池関連において国内・海外での講演多数。

グローバル製造業コンサルティング部 自動車産業グループ。

執筆者一覧

鈴木　一範（すずき　かずのり）――第2章
野村総合研究所 上級コンサルタント

専門は、自動車・自動車部品、産業機械分野における事業戦略、機能戦略、新事業開発、各種実行支援など。

グローバル製造業コンサルティング部 電機・機械グループ。

吉橋　翔太郎（よしはし　しょうたろう）――第3章 第5章
野村総合研究所 専門コンサルタント

専門は、次世代自動車、エネルギー領域における事業戦略立案など。

グローバル製造業コンサルティング部 自動車産業グループ。

吉竹　恒（よしたけ　ひさし）――第3章 第5章
野村総合研究所 副主任コンサルタント

専門は、次世代自動車及びその周辺領域を中心とした事業戦略の立案・実行支援など。

グローバル製造業コンサルティング部 自動車産業グループ。

張　鼎暉（ちょう　ていき）――第3章
野村総合研究所 主任コンサルタント

専門はAI、自動車・自動車部品などの製造業における経営戦略、事業戦略。

グローバル製造業コンサルティング部 アジア・ビジネスイノベーショングループ。

小林　敬幸（こばやし　のりゆき）――おわりに
野村総合研究所 上席コンサルタント/部長

グローバル製造業コンサルティング部。

決定版　EVシフト

2018年4月12日発行

編著者——風間智英
発行者——駒橋憲一
発行所——東洋経済新報社
〒103-8345　東京都中央区日本橋本石町1-2-1
電話＝東洋経済コールセンター　03(5605)7021
http://toyokeizai.net/

本文デザイン……アイランドコレクション
印刷・製本………丸井工文社
編集担当…………齋藤宏軌
Printed in Japan　　ISBN 978-4-492-76241-7